Elena Gómez Sellés
Modesto Pérez Sánchez

Mecánica de fluidos: problemas y objetos de aprendizaje

edUPV

Universitat Politècnica de València

Colección *Académica* http://tiny.cc/edUPV_aca

Para referenciar esta publicación utilice la siguiente cita:
Gómez Sellés, Elena; Pérez Sánchez, Modesto (2024). *Mecánica de fluidos: problemas y objetos de aprendizaje.* Valencia: edUPV

© 2024, edUPV
  Venta: www.lalibreria.upv.es   /   Ref.: 0220_03_01_01

ISBN: 978-84-1396-163-7
Depósito Legal: V-603-2024

Imprime: Byprint Percom, S. L.

Si el lector detecta algún error en el libro o bien quiere contactar con los autores, puede enviar un correo a edicion@editorial.upv.es

edUPV se compromete con la ecoimpresión y utiliza papeles de proveedores que cumplen con los estándares de sostenibilidad medioambiental https://editorialupv.webs.upv.es/compromiso-medioambiental/

Impreso en España

Prólogo

El presente libro tiene como objetivo ayudar a alcanzar los resultados de aprendizaje a estudiantes de la asignatura de mecánica de fluidos que actualmente se imparte en los títulos de grado de ingeniería. Especialmente, está dirigido al estudiantado que cursa los grados de ingeniería mecánica, química y eléctrica impartidos en la Escuela Politécnica Superior de Alcoy de la Universitat Politècnica de València (UPV).

El documento no constituye un manual clásico de mecánica de fluidos, sino que intenta mostrar mediante metodologías activas y asíncronas, mejorar la adquisición de los resultados de aprendizaje del estudiantado. Por ello, este libro contempla 41 objetos de aprendizaje, desarrollados mediante el paraguas de Docencia en Red de la UPV. Estos videos asíncronos recogen los principales conceptos de la mecánica de los fluidos para los futuros egresados. Unido a estos, en cada uno de los capítulos de este libro se adjuntan ejercicios resueltos que permiten llevar a cabo y plantear las metodologías básicas de resolución de problemas.

En ningún caso, el libro viene a complementar a la bibliografía ya existente, tanto de material publicado por otros profesores del Departamento de Ingeniería Hidráulica y Medio Ambiente en la editorial UPV, como de otras editoriales comerciales.

Explicado brevemente el contenido del libro, únicamente nos queda animar al usuario a emplear todas las herramientas disponibles para que pueda alcanzar los resultados de aprendizaje, dentro de la asignatura de mecánica de fluidos en los diferentes grados implicados.

Los autores

I

Índice

Capítulo 1
Hidrostática. Esfuerzos sobre superficies

1.1 Resultados de aprendizaje

Capítulo que está enfocado para dotar al alumno de habilidad en el estudio del fluido cuando se encuentra en reposo, presentando el concepto de presión y a partir ahí, definir el esfuerzo sobre superficies bien sean planas o curvas. Este capítulo recoge ejercicios de piezómetros, esfuerzos sobre superficies planas y curvas, así como ejercicios compuestos. Son ejercicios básicos que deben permitir al alumno alcanzar los resultados de aprendizaje iniciales en el curso de Mecánica de Fluidos.

Los resultados de aprendizaje son:
- Determinar valores de presión en diferentes tipos de piezómetros
- Calcular los esfuerzos existentes en superficies finitas
- Determinar los puntos de aplicación y sus implicaciones referidas a momentos de apertura y de cierre

1.2 Objetos de aprendizaje de ayuda para la adquisición de los resultados de aprendizaje

A continuación, se adjuntan los objetos de aprendizaje que pueden ser de utilidad para alcanzar los resultados de aprendizaje establecidos en el apartado anterior.

POLIMEDIA	LINK	CÓDIGO QR
Ecuación general de la hidrostática. Generalidades	http://hdl.handle.net/10251/190257	
Ecuación general de la hidrostática. Aplicación a un fluido compresible	http://hdl.handle.net/10251/190259	
Ecuación general de la hidrostática. Aplicación a un fluido incompresible	http://hdl.handle.net/10251/190260	
Ecuación general de la hidrostática. Aplicación a fluidos incompresibles estratificados	http://hdl.handle.net/10251/190258	
Esfuerzos hidrostáticos sobre superficies. Método integración	http://hdl.handle.net/10251/116108	

POLIMEDIA	LINK	CÓDIGO QR
Esfuerzos hidrostáticos sobre superficies. Prisma de presiones	http://hdl.handle.net/10251/116107	
Esfuerzos hidrostáticos sobre superficies curvas	http://hdl.handle.net/10251/116107	

1.3 Problemas

Problema 1

El piezómetro de la figura está conectado a una conducción de aire presurizado. Teniendo en cuenta que la presión manométrica es de 12kPa y la densidad relativa del aceite es 0.82. Se pide:

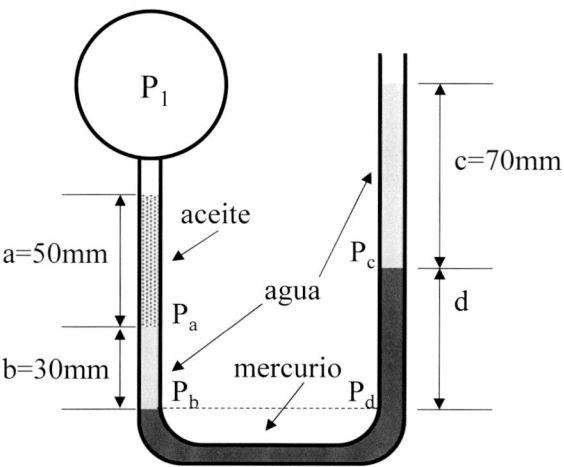

a) Determinar la altura d del mercurio ($\gamma_r = 13.6$), en m

$$d_{hg} = 0.09 \, m$$

b) Cuál será la presión del punto P_a, en mmHg

$$P_a = 92.95 \, mmHg$$

c) Calcular la presión de la conducción, P_1, para que la altura d sea igual a 20 mm, en mca

$$P_1 = 0.27 \, mca$$

d) Para las condiciones de presión iniciales, cuánto debería valer el peso específico del aceite para que la altura d sea 0.092 m, en $\frac{N}{m^3}$

$$\gamma_{ac} = 13333 \, N/m^3$$

Solución

Apartado a)

La presión en el punto $P_b = P_d$, por tanto:

$$P_1 + \gamma_{ac}d_{ac} + \gamma_w d_{wb} = \gamma_{Hg}d_{hg} + \gamma_w d_{wd}$$

$$12\ kPa\ 1000\frac{N/m^2}{kPa} + 0.82\ 9810\frac{N}{m^3}\ 0.05\ m + 9810\frac{N}{m^3}0.03\ m$$

$$= 13.6\ 9810\frac{N}{m^3}d_{hg} + 9810\frac{N}{m^3}0.07m$$

$$d_{hg} = 0.09\ m$$

Apartado b)

La presión en la interfase aceite-agua será:

$$P_{agua-aceite} = P_1 + \gamma_{ac}d_{ac} = 12000\ |\ 0.82\ 9810\ 0.05 = 12402.21\frac{N}{m^2}$$

$$P_{agua-aceite} = \frac{12402.21}{13.6 \cdot 9810} \rightarrow P_a = 92.95\ mmHg$$

Apartado c)

Si d_{Hg} es 20 mm:

$$P_1 + \gamma_{ac}d_{ac} + \gamma_w d_{wb} = \gamma_{Hg}d_{hg} + \gamma_w d_{wd}$$

$$P_1 + 0.82\ 9810\frac{N}{m^3}\ 0.05\ m + 9810\frac{N}{m^3}0.03\ m$$

$$= 13.6\ 9810\frac{N}{m^3}0.02 + 9810\frac{N}{m^3}0.07m$$

$$P_1 = 2658.5\frac{N}{m^2} = 0.27\ mca$$

Apartado d)

Si d_{Hg} es la mitad del obtenido en el apartado a) 0.092 m, el peso específico del aceite será:

$$12000 + \gamma_{ac}\frac{N}{m^3}\ 0.05\ m + 9810\frac{N}{m^3}0.03\ m$$

$$= 13.6\ 9810\frac{N}{m^3}0.092 + 9810\frac{N}{m^3}0.07m$$

$$\gamma_{ac} = 13333\ N/m^3$$

Problema 2

La compuerta de la figura es de forma rectangular. Su longitud AB es de 1.5 m y su profundidad en el plano perpendicular del papel son 2 m. Teniendo en cuenta que el peso de la compuerta son 400 kg y forma un ángulo de 60° respecto a la rasante del canal. Se pide:

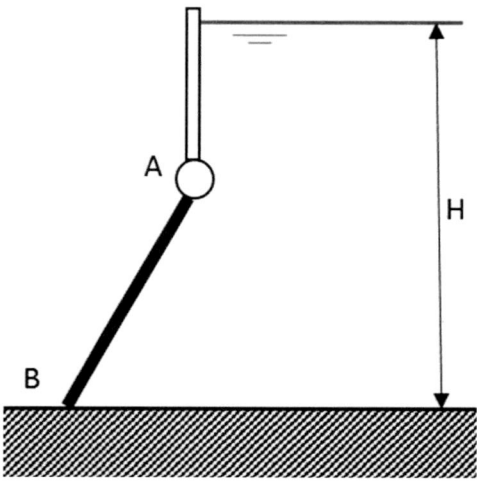

a) Determinar el momento de giro en el eje AA, cuando la altura de agua (H), alcanza los dos metros, suponiendo que la compuerta no tiene peso. Considerar que no existe reacción de apoyo en B

$$M_{AA} = 34591.13 \; Nm$$

b) Si se considera el peso de la compuerta igual a 400 kg, determinar qué peso específico debería tener el fluido para que estando el nivel del mismo a la cota A, comenzase a abrirse.

$$\gamma = 755.2 \frac{N}{m^3}$$

c) Considerando el peso de la compuerta de 400 kg, que el fluido es agua, y su altura H es de 2 m. Cuál será el momento sobre AA', si la compuerta tiene forma de triángulo equilátero donde la distancia AB es igual a 1.5 m y la base del triángulo se sitúa en el eje A. Considerar que no existe reacción de apoyo en B

$$M_{AA} = 7699.92 \; Nm$$

Solución

Apartado a)

Cómo la figura es una sección rectangular, puede resolverse mediante el método de integración o por el prisma de presiones. Si se resuelve por el primero, los ejes de coordenadas están situados en la intersección del plano que contiene la compuerta y la lámina libre.

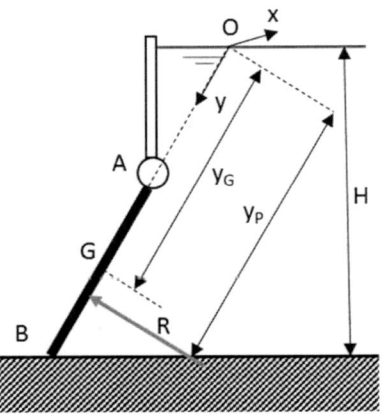

Teniendo en cuenta, que la distancia AB son 1.5 m, y el ángulo respecto a la horizontal son 60°, la distancia OB es:

$$OB = \frac{H}{seno60} = \frac{2}{seno(60)} = 2.31 \, m$$

El centro de gravedad del rectángulo está situado a $\frac{AB}{2}$, por tanto, la distancia y_G será:

$$y_G = OB - \frac{AB}{2} = 2.31 - 0.75 = 1.56 \, m$$

La resultante (R) viene definida por la expresión:

$$R = \gamma seno\alpha y_G A = 9810 \; seno60 \; 1.56 \; 1.5 \; 2 = 39759.92 \, N$$

El centro de presiones (y_P) será:

$$y_P = y_G + \frac{I_{XX}}{y_G A} = y_G + \frac{bAB^3}{12 \, y_G AB \, b} = 1.56 + \frac{1.5^2}{12 \; 1.56} = 1.68 \, m$$

Por tanto, el momento sobre el eje de la compuerta AA', es:

$$M_{AA} = R\left(AG + \left(y_p - y_G\right)\right) = 39759.92 \left(0.75 + (1.68 - 1.56)\right) = 34591.13 \, Nm$$

Apartado b)

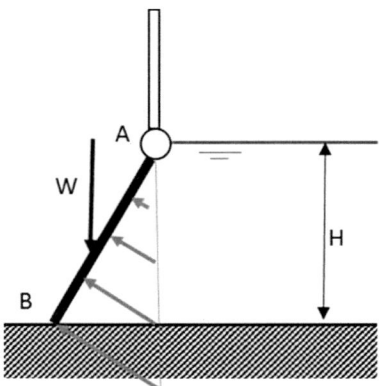

En este caso, la reacción del fluido sobre la compuerta viene definida (mediante el método del prisma de presiones:

$$R = \frac{\gamma HAB}{2} b$$

Y su punto de aplicación, desde el punto A, es

$$y = \frac{2}{3} AB$$

Para que la compuerta esté en equilibrio (instante en el que comienza a abrirse), el momento sobre el eje AA' del peso de la compuerta (M_e) debe ser igual al momento ejercido por el fluido (M_d)

$$M_e = M_d$$

$$W \, y_w = R \, y$$

$$W \frac{AB cos 60°}{2} = R \, y$$

$$400 \; 9.81 \frac{1.5 \; cos 60°}{2} = \frac{\gamma 1.5 \; seno60°1.5}{2} \; 2 \; \frac{2}{3} \; 1.5$$

$$\gamma = 755.2 \frac{N}{m^3}$$

Apartado c)

En este caso, por tratarse de una figura que no tiene un ancho constante (rectángulo o cuadrado), la expresión del prisma de presiones no puede ser aplicada. Por lo tanto, se opta por resolver el problema mediante el método de integración.

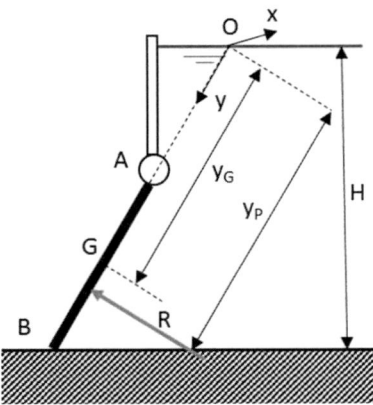

En este caso al tratarse de un triángulo equilátero que su longitud AB (altura) es 1.5 m, el lado (L) medirá:

$$L = \frac{1.5}{seno60°} = 1.73 \ m$$

Por tanto, el área del triángulo será: $\frac{1.73 \ 1.5}{2} = 1.3 \ m^2$

Teniendo en cuenta, que la distancia AB son 1.5 m, y el ángulo respecto a la horizontal son 60°, la distancia OB es:

$$OB = \frac{H}{seno60} = \frac{2}{seno(60)} = 2.31 \ m$$

El centro de gravedad del triángulo está situado a $\frac{AB}{3}$, por tanto, la distancia y_G será:

$$y_G = OB - \frac{2AB}{3} = 2.31 - \frac{2 \ 1.5}{3} = 1.31 \ m$$

La resultante (R) viene definida por la expresión:

$$R = \gamma sen\alpha y_G A = 9810 \ seno \ (60)1.31 \ 1.3 = 14468.20 \ N$$

El centro de presiones (y_P) será:

$$y_P = y_G + \frac{I_{XX}}{y_G A} = y_G + \frac{bAB^3}{36 \ y_G AB \ b} = 1.31 + \frac{1.73 \ 1.5^3}{36 \ 1.31 \ 1.3} = 1.41 \ m$$

Por tanto, el momento sobre el eje de la compuerta AA', es:

$$M_{AA} = R \left(AG + \left(y_p - y_G \right) \right) - Wd$$

$$M_{AA} = 14468.20 \left(0.5 + (1.41 - 1.31) \right) - 400 \ 9.81 \frac{1.5}{3} cos60° = 7699.92 \ Nm$$

Problema 3

La compuerta de la figura está conformada por un cuarto de circunferencia de radio R. Su profundidad en el plano perpendicular del papel son 2 m. Se pide:

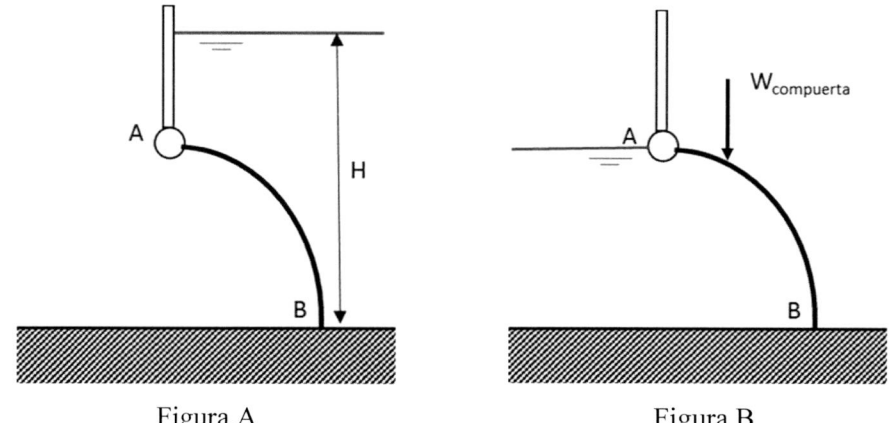

Figura A   Figura B

a) Determinar el momento de giro en el eje AA, cuando la altura de agua (H), alcanza los dos metros, suponiendo que la compuerta no tiene peso y su radio es de 0.75 m. Considerar que no existe apoyo en B

$$M_{AA} = -17937.65 \; Nm \; (sentido \; horario)$$

b) Si ahora, el fluido se encuentra en la parte cóncava, y llega hasta el punto A. Cuál deberá ser el peso de la compuerta para mantenerse en equilibrio (Figura B). Considerar que no existe apoyo en B

$$W_c = 8675.71 \; N$$

Solución

Apartado a)

La compuerta se ve sometida a un esfuerzo vertical (R_V) y esfuerzo horizontal (R_H). En primer lugar, se determina R_H, mediante el prisma de presiones. La proyección de la compuerta es un rectángulo de altura R y anchura b.

El prisma de presiones sobre la proyección horizontal, se puede descomponer en un rectángulo, R_{Hr}, y un triángulo, R_{Ht}.

$$R_{Hr} = \gamma(H - R)Rb = 9810 \, (2 - 0.75)0.75 \, 2 = 18393.75 \; N$$

$$y_{RHr} = \frac{R}{2} = 0.375\ m$$

$$R_{Ht} = \frac{\gamma R^2}{2}b = \frac{9810\ 0.75^2}{2}2 = 5518.13\ N$$

Su punto de aplicación, será 1/3 de su altura desde la base (B)

$$y_{RHt} = \frac{1}{3}R = \frac{0.75}{3} = 0.25\ m$$

R_V es determinado por el peso de fluido que tiene por encima la compuerta. En este caso:

W_R referido al peso del volumen del prisma rectangular de base R y altura "H-R"

W_C referido al peso del volumen del cuadrante inscrito en el cuadrado de lado R

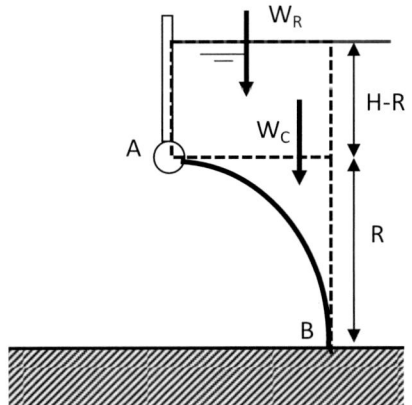

$$W_R = \gamma(H - R)Rb = 9810\ (2 - 0.75)\ 0.75\ 2 = 18393.75\ N$$

Su punto de aplicación, será el centro de gravedad del rectángulo, por tanto, R/2.

$$y_R = \frac{R}{2} = \frac{0.75}{2} = 0.375\ m\ (desde\ el\ punto\ A)$$

En el caso del cuadrante inscrito,

$$W_C = \gamma\left(R^2 - \frac{\pi R^2}{4}\right)b = 9810\left(0.75^2 - \frac{\pi 0.75^2}{4}\right)2 = 2368.61\ N$$

Su punto de aplicación será el centro de gravedad de la figura. En este caso, se puede obtener por resta de figuras planas.

$$A_{ci}\ y_{ci} = A_c y_c - A_{sc}y_{sc}$$

$$\left(R^2 - \frac{\pi R^2}{4}\right) y_{ci} = \frac{R^2 R}{2} - \frac{\pi R^2}{4}\frac{4R}{3\pi}$$

$$y_{ci} = \frac{2R}{3(4-\pi)} = \frac{2\,0.75}{3(4-\pi)} = 0.584\ m\ (desde\ la\ vertical\ de\ A)$$

Por tanto,

$$R_V = W_R + W_C = 18393.75 + 2368.61 = 20762.36\ N$$

El momento de giro sobre el eje AA', será:

$$M_{AA} = -R_{Hr}y_{RHr} - R_{Ht}\,(R - y_{RHt}) - W_c y_{ci} - W_R y_R$$

$$M_{AA} = -18393.75\,0.375 - 5518.13\,(0.75 - 0.25) - 2368.61\,0.584 \\ - 18393.75\,0.375$$

$$M_{AA} = -17937.65\ Nm\ (sentido\ horario)$$

Apartado b)

En este caso el empuje horizontal, está definido:

$$R_H = \frac{\gamma R^2}{2}b = \frac{9810\,0.75^2}{2}2 = 5518.13\ N$$

Su punto de aplicación, será 1/3 de su altura desde la base (B)

$$y_{RH} = \frac{1}{3}R = \frac{0.75}{3} = 0.25\ m$$

El empuje vertical, R_V, viene definido por el volumen virtual del sector circular inscrito en el cuadrado

$$R_V = \gamma\left(R^2 - \frac{\pi R^2}{4}\right)b = 9810\left(0.75^2 - \frac{\pi 0.75^2}{4}\right)2 = 2368.61\ N$$

$$y_{ci} = \frac{2R}{3(4-\pi)} = \frac{2\,0.75}{3(4-\pi)} = 0.584\ m\ (desde\ la\ vertical\ de\ A)$$

Teniendo en cuenta que el centro de gravedad de un cuarto de circunferencia está situado a $\frac{2R}{\pi}$

Para mantenerse en equilibrio, el momento ejercido por la compuerta debe igualar al momento ejercido por las reacciones del fluido.

$$W_{compuerta}y_{comp} = R_H(R - y_{RH}) + R_V y_{RV}$$

$$W_c\frac{2\,0.75}{\pi} = 5518.13(0.75 - 0.25) + 2368.61\,0.584$$

$$W_c = 8675.71\ N$$

Problema 4

El depósito de la figura tiene un tapón de 4 cm de diámetro en el lado de la derecha. Sabiendo que la densidad relativa del mercurio es 13.6 y que el tapón salta cuando la fuerza hidrostática es superior a 25 N. Se pide:

a) Lectura "h" del piezómetro cuando el tapón salta.

$$h = 0.152 \, m$$

b) Centro de presiones para el instante que salta el tapón

$$y_{cp} = 2.647038 \, m$$

c) Altura total de agua

$$H = 2.043 \, m$$

d) Si se instala un muelle de apertura en la base del tapón (punto C), ¿cuál será el momento máximo que debe resistir?

$$M_C = 0.494 \, Nm$$

Solución

Apartado a)

En primer lugar, hay que determinar la altura H de agua existente en el tanque. Para ello, teniendo el valor de la fuerza (F) de apertura es de 25 N, se conoce que:

$$F = \gamma \, seno\alpha \, y_G A$$

En este caso, desde el origen de coordenadas (O) y teniendo en cuenta el radio (R) del tapón, y_G es:

$$25 = 9810 \, seno50° y_G \pi 0.02^2$$

$$y_G = 2.647 \, m$$

$$H = (y_G + R)seno\alpha = (2.647 + 0.02)seno50° = 2.043 \, m$$

Teniendo en cuenta el piezómetro abierto.

$$\gamma_{Hg} h = \gamma_{H_2O} (0.02 + H)$$

$$13.6 \, 9810 \, h = 9810 \, (0.02 + 2.043)$$

$$h = 0.152 \, m$$

Apartado b)

El centro de presiones (y_c) viene definido por la expresión:

$$y_{cp} = y_G + \frac{I_{XX}}{y_G A}$$

En el caso de una figura plana circular,

$$I_{XX} = \frac{\pi R^4}{4}$$

$$y_{cp} = y_G + \frac{\frac{\pi R^4}{4}}{y_G A} = 2.647 + \frac{\pi 0.02^4}{4 \, 2.647 \, \pi \, 0.02^2}$$

$$y_{cp} = 2.647038 \, m$$

Apartado c)

Ya ha sido calculado en el apartado a)

$$H = 2.043 \, m$$

Apartado d)

El momento de apertura sobre el punto C, viene definido por la expresión:

$$M_C = F(OC - y_{cp})$$

La distancia OC viene determinada por:

$$OC = \frac{H}{seno\alpha} = \frac{2.043}{seno50°} = 2.667 \, m$$

$$M_C = 25(2.667 - 2.647038) = 0.494 \, Nm$$

Problema 5

Dada la compuerta de la figura de forma cilíndrica de radio 0.5 m y altura 2 m (la altura del cilindro se corresponde con la anchura de la compuerta (b)). Teniendo en cuenta el nivel de agua (peso específico 9810 N/m^3), se pide:

a) Determinar la resultante total que actúa sobre la compuerta debida al esfuerzo hidráulico

$$R = 12473,95 \ N$$

b) Determinar la fuerza, F, que habría que realizar en el punto C para mantener en equilibrio la compuerta

$$F = 9816,64 \ N$$

c) Si para compensar la compuerta se decide aportar un fluido hasta el nivel de altura C (en este caso no hay fuerza F). Determinar el peso específico de dicho fluido

$$\gamma_2 = 39268,43 \ \frac{N}{m^3}$$

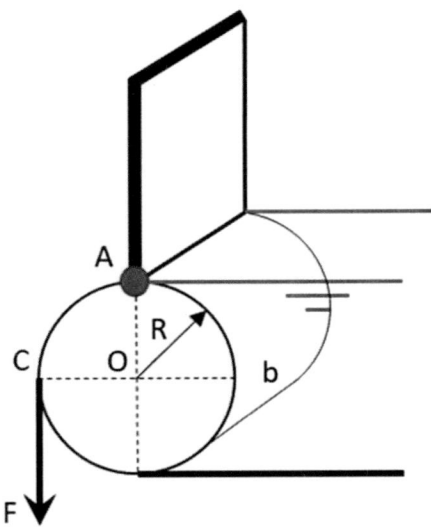

Solución

Apartado a)

La densidad en condiciones normales En este caso, existe fuerza horizontal F_x , calculada como la proyección del semicilindro, que es un rectángulo de altura $2R$ (longitud AD) y anchura b. Además, existe fuerza vertical, F_v, ascendente correspondiente e igual al peso del volumen desalojado por el volumen del semicilindro de radio R y anchura b.

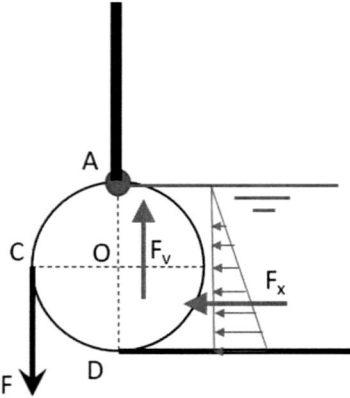

$$F_x = \gamma \frac{AD^2}{2} b = 9810 \frac{(2\ 0{,}5)^2}{2} 2 = 9810N$$

F_v se corresponde con el peso desalojado del semicilindro

$$F_V = \gamma \frac{\pi R^2}{2} b = 9810 \frac{\pi\ 0{,}5^2}{2} 2 = 7704{,}76\ N$$

La resultante que actúa será igual a

$$R = \sqrt{F_x^2 + F_V^2} = 12473{,}95\ N$$

Apartado b)

F_x estará posicionada desde A una distancia igual a

$$y_{F_{xA}} = \frac{2}{3} AD = \frac{2}{3}(2\ 0{,}5) = 0{,}667\ m$$

F_v estará posicionada a una distancia de 0 igual a

$$x_v = \frac{4R}{3\pi} = \frac{4\ 0{,}5}{3\pi} = 0{,}2122\ m$$

Teniendo en cuenta que F actúa en el punto C, el sumatorio de momentos en A debe ser nulo

$$FR - F_x y_{F_{x_A}} + F_V x_V = 0$$

$$F = \frac{9810 \; 0,667 - 7704,76 \; 0,2122}{0,5} = 9816,64 N$$

Apartado c)

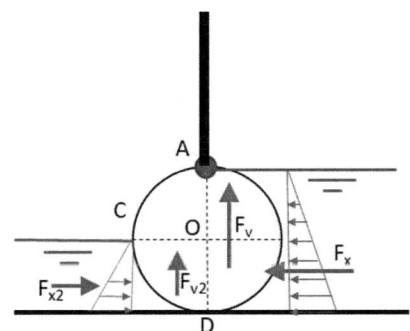

En este caso a las fuerzas existentes anteriormente, aparecen las fuerzas horizontal (F_{x2}) y (F_{V2}), correspondiéndose con la proyección de un cuarto de cilindro (rectángulo) y el peso desalojado por un cuarto de cilindro.

$$F_{x2} = \gamma_2 \frac{OD^2}{2} b = \gamma_2 \frac{(0,5)^2}{2} 2 = 0,25\gamma_2 \; N$$

$$F_{V2} = \gamma_2 \frac{\pi R^2}{4} b = \gamma_2 \frac{\pi \; 0,5^2}{4} 2 = 0,3927\gamma_2 \; N$$

F_{x2} estará posicionada desde A una distancia igual a

$$y_{F_{x2_A}} = AC + \frac{2}{3} OD = R + \frac{2}{3} R = \frac{5}{3} 0,5 = 0,833 \; m$$

F_{v2} estará posicionada a una distancia de 0 igual a

$$x_{v2} = \frac{4R}{3\pi} = \frac{4 \; 0,5}{3\pi} = 0,2122 \; m$$

El equilibrio se alcanzará cuando el sumatorio de momentos en A sea nulo, por tanto

$$F_{x2} y_{F_{x2_A}} - F_{V2} x_{V2} - F_x y_{F_{x_A}} + F_V x_V = 0$$

$$0,25\gamma_2 \; 0,833 - 0,3927\gamma_2 \; 0,2122 - 9810 \; 0,667 + 7704,76 \; 0,2122 = 0$$

$$\gamma_2 = 39268,43 \frac{N}{m^3}$$

Problema 6

Dada la compuerta de la figura, que está formada por un prisma triangular equilátero (ABC) de lado AC igual a 2 m y altura 3 m (la altura del prisma se corresponde con la anchura de la compuerta (b)). Se pide:

a) Para la situación de la Figura a, donde el fluido 1 de peso específico igual a 10 kN/m3, determinar la resultante total, R, que actúa sobre la compuerta.

$$R = 51960 \ N$$

b) Para la situación de la Figura b, determinar la resultante total, RT, que actúa sobre la compuerta, teniendo en cuenta que la densidad relativa del fluido 2 es 0,9 y la altura CD es igual a 1 m.

$$R_T = 104934 \ N$$

c) Para la situación de la Figura b, determinar la fuerza F, que debe actuar sobre B para mantener en equilibro la compuerta.

$$F = 50595 \ N$$

Considerar peso específico del agua en condiciones normales 9810 N/m3

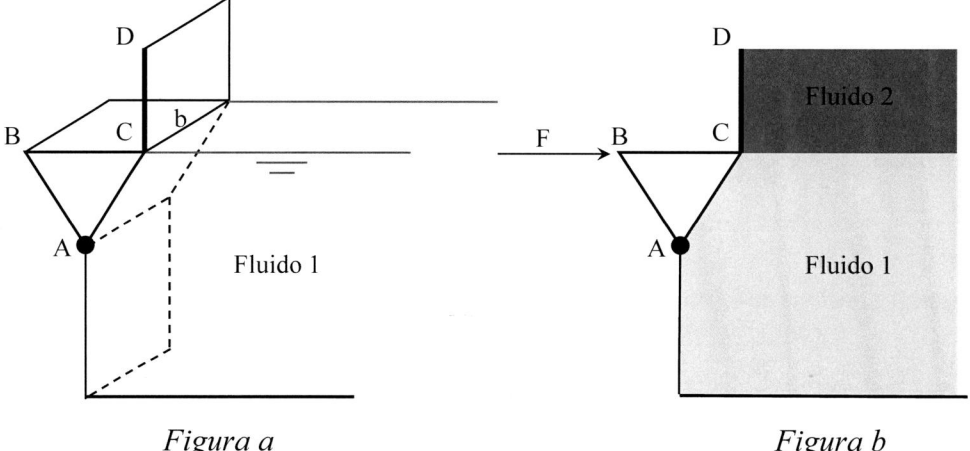

Figura a	*Figura b*

Solución

Apartado a)

En este caso, existe una distribución triangular de presiones, aplicando el método de integración, cuyo origen de coordenadas será el punto C, y el eje y estará alineado con el plano AC. La resultante será igual a

$$R = \gamma\, sen\alpha\, y_g A = \gamma\, sen\alpha\, \frac{AC}{2}\, ACb = 10000\; sen60°\frac{2}{2}\,2\,3 = 51960\; N$$

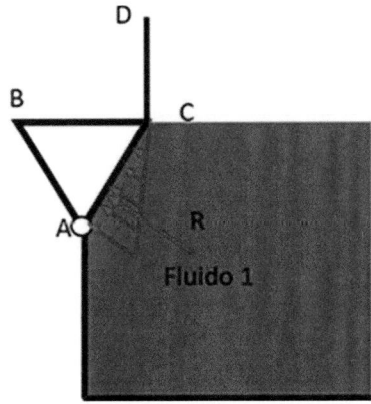

Apartado b)

En este caso aparece una distribución trapecial de presiones donde

$$PC \;\; = \gamma 2h\text{CD}$$

$$P_A \;\; = \gamma_2 h_{CD} + \gamma_1(h_{DA} - h_{CD})$$

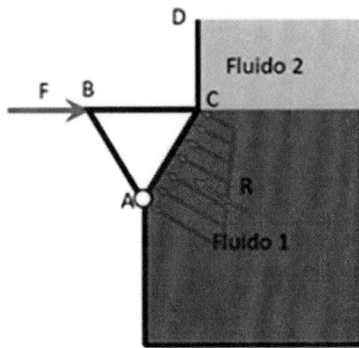

$$h_{DA} = h_{CD} + ACsen60° = 1 + \frac{2\sqrt{3}}{2} = 2{,}732\; m$$

En este caso, si se opta por la resolución aplicando el prisma de presiones, nos quedará una distribución rectangular de base y una triangular, cuyas resultantes serán

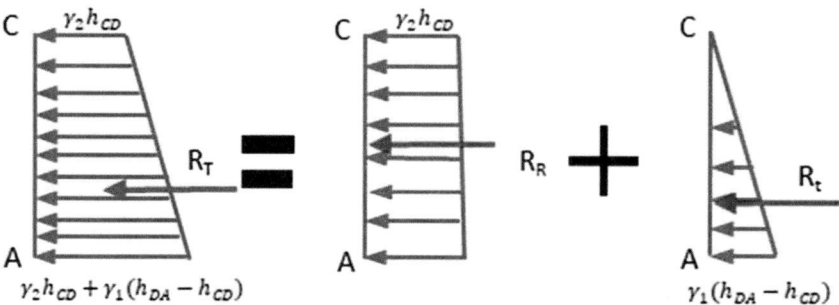

$$R_R = \gamma_2 h_{DC} ACb = 0.9 \cdot 9810 \cdot 1 \cdot 2 \cdot 3 = 52974 \, N$$

La resultante triangular será igual a la calculada en el apartado a), por tanto

$$R_t = 51960 \, N$$

Por tanto, la resultante total será

$$R_T = R_R + R_t = 52974 + 51960 = 104934 \, N$$

Apartado c)

Para que la compuerta se mantenga en equilibrio, el sumatorio de momentos en A debe ser nulo, teniendo en cuenta las fuerzas las fuerzas actuantes en este caso, quedaría:

$$-F \cdot h_{BA} + R_R \cdot y_{RA} + R_t \cdot y_{tA} = 0$$

Calculamos las distancias desde los puntos donde se encuentran aplicadas las fuerzas al punto A, donde se calculan los momentos:

$$h_{BA} = AC \, sen60 = 2 \frac{\sqrt{3}}{2} = \sqrt{3} m$$

$$y_{RA} = \frac{AC}{2} = \frac{2}{2} = 1m \; (centro \; de \; masas \; del \; rectángulo \; desde \; A)$$

$$y_{tA} = \frac{AC}{3} = \frac{2}{3} = 0.667m \; (centro \; de \; masas \; del \; triángulo \; desde \; A)$$

Por tanto, la fuerza F será:

$$F = \frac{R_R \cdot y_{RA} + R_t \cdot y_{tA}}{h_{BA}} = \frac{52974 \cdot 1 + 51960 \cdot 0.667}{\sqrt{3}} = 50595N$$

Capítulo 2
Introducción a la cinemática de los fluidos

2.1 Resultados de aprendizaje

Estudiado el flujo en reposo, se aborda el estudio de los conceptos básicos de la cinemática del punto que permiten al estudiantado introducirse en el estudio del fluido en movimiento. Además de presentar los conceptos generales, se definen los términos de flujo másico y volumétrico. Finalmente, se presenta el Teorema de Arrastre de Reynolds, que permitirá abordar el estudio de análisis de dinámica integral aplicado a las propiedades extensivas principales de masa, energía, cantidad de movimiento y momento cinético.

Los resultados de aprendizaje son:
- Definir los conceptos de enfoque Euleriano y Lagrangiano
- Enumerar los conceptos de flujo volumétrico y másico
- Definir el Teorema de Arrastre de Reynolds

2.2 Objetos de aprendizaje de ayuda para la adquisición de los resultados de aprendizaje

A continuación, se adjuntan los objetos de aprendizaje que pueden ser de utilidad para alcanzar los resultados de aprendizaje establecidos en el apartado anterior.

POLIMEDIA	LINK	CÓDIGO QR
Cinemática de los fluidos. Clasificación de los fluidos	http://hdl.handle.net/10251/190265	
Cinemática de los fluidos. Conceptos generales	http://hdl.handle.net/10251/190255	
Cinemática de fluidos. Caudal volumétrico y caudal másico	http://hdl.handle.net/10251/190263	
Teorema de arrastre de Reynolds	http://hdl.handle.net/10251/190266	

2.3 Problemas

Problema 1

Dado el siguiente campo de velocidades de un fluido, con (a = cte, b = cte):

$$\vec{V} = \vec{V}(r) = a\vec{\imath} + bt\vec{\jmath}$$

Determinar, justificando las expresiones a emplear:

- a) Que el flujo es uniforme
- b) Que el flujo es permanente
- c) Que el flujo es incompresible
- d) La trayectoria y las líneas de corriente en el campo de aceleraciones

Solución

Apartado a)

Para el flujo anterior:

$$\vec{V} = \vec{V}(r) = a\vec{\imath} + bt\vec{\jmath}$$

dado que:

$$\frac{\partial \vec{V}}{\partial x} = 0$$

$$\frac{\partial \vec{V}}{\partial y} = 0$$

se trata de régimen uniforme, pues el campo de velocidades no depende de la posición (no varía con respecto a la posición).

Apartado b)

Para el flujo anterior:

$$\vec{V} = \vec{V}(r) = a\vec{\imath} + bt\vec{\jmath}$$

dado que:

$$\frac{\partial u}{\partial t} = \frac{\partial a}{\partial t} = 0$$

$$\frac{\partial v}{\partial t} = \frac{\partial bt}{\partial t} = b$$

no se trata de régimen permanente, pues la velocidad v, dirección $\vec{\jmath}$, sí depende del tiempo (varía con el tiempo).

Apartado c)

Si un fluido es incompresible, su densidad es constante, $\rho = cte$; la ecuación de continuidad resulta:

$$\frac{\partial \rho}{\partial t} + \rho \, div\vec{V} = 0 \;\;\rightarrow\;\; div\vec{V} = 0 \;\;\rightarrow\;\; \frac{\partial \vec{u}}{\partial x} + \frac{\partial \vec{v}}{\partial y} = 0$$

por tanto:

$$\frac{\partial \rho}{\partial t} + \rho \, div\vec{V} = 0 \;\rightarrow\; \frac{\partial \rho}{\partial t} = 0$$

por lo que la densidad es constante, y se trata de un fluido incompresible.

Apartado d)

A partir del campo de velocidades obtenemos la trayectoria:

$$\begin{aligned}\frac{dx}{dt} &= u = a \\[2mm] \frac{dy}{dt} &= v = bt\end{aligned} \;\;\rightarrow\;\; \begin{aligned} x &= at + K_1 \\[2mm] y &= \frac{bt^2}{2} + K_2 \end{aligned}$$

que es la ecuación de la trayectoria en forma paramétrica.

Las ecuaciones de las líneas de corriente, teniendo en cuenta que para un instante dado:

$$d\vec{r} \parallel \vec{V}(t) \rightarrow \frac{dx}{u} = \frac{dy}{v(t)}$$

la congruencia de características serían la integral del sistema de primer orden:

$$\frac{dx}{a} = \frac{dy}{bt} \rightarrow dy = \frac{bt}{a} dx$$

donde integrando la ecuación anterior, obtendremos la ecuación general de las líneas de corriente:

$$y = \frac{bt}{a} x + K$$

Teniendo presente que la aceleración es la derivada total de la velocidad respecto del tiempo, tendremos:

$$\vec{a}(r,t) = \frac{d\vec{V}(r,t)}{dt} = \frac{\partial \vec{V}}{\partial t} + \left(u \frac{\partial \vec{V}}{\partial x} + v \frac{\partial \vec{V}}{\partial y} \right) = \vec{a}_{LOCAL} + \vec{a}_{CONVECTIVA}$$

que será la aceleración que sufrirá la partícula que en el instante t esté en (x,y), este tipo de derivada es la denominada derivada total o euleriana.

Dado que:

$$u = a \; ; \quad v = bt$$

se tiene:

$$\frac{\partial \vec{V}}{\partial t} = b\vec{j}$$

$$\frac{\partial \vec{V}}{\partial x} = 0$$

$$\frac{\partial \vec{V}}{\partial y} = 0$$

flujo no permanente $\left(\frac{\partial \vec{V}}{\partial t} = b\vec{j}\right)$ y flujo uniforme $\left(\frac{\partial \vec{V}}{\partial x} = 0; \frac{\partial \vec{V}}{\partial y} = 0\right)$.

Sustituyendo valores en la expresión de la aceleración queda:

$$\vec{a}(t) = b\vec{j}$$

Problema 2

En un flujo bidimensional en el plano (x,y), el campo de velocidades en un fluido es, con (a=cte):

$$\vec{V} = \vec{V}(r) = ax\vec{i} + v\vec{j}$$

se pide determinar la componente v de la velocidad para que el flujo sea estacionario e incompresible.

Solución

Del campo de velocidades:

$$\vec{V} = \vec{V}(r) = ax\vec{i} + v\vec{j}$$

obtenemos:

$$\frac{dx}{dt} = u = a$$

$$\frac{dy}{dt} = v$$

la ecuación de continuidad viene dada por la expresión:

$$\frac{\partial \rho}{\partial t} + \rho\, div\vec{V} = 0 \quad \rightarrow \quad \frac{\partial \rho}{\partial t} + \rho \left(\frac{\partial \vec{u}}{\partial x} + \frac{\partial \vec{v}}{\partial y} \right) = 0$$

dado que se solicita que el flujo sea estacionario e incompresible:

$$\frac{\partial \rho}{\partial t} = 0 \quad ; \quad \rho = cte$$

es por lo que para un flujo bidimensional en el plano (x,y):

$$\left(\frac{\partial \vec{u}}{\partial x} + \frac{\partial \vec{v}}{\partial y} \right) = 0$$

de donde se deduce:

$$\frac{\partial \vec{u}}{\partial x} = -\frac{\partial \vec{v}}{\partial y} = a \quad \rightarrow \quad \partial \vec{v} = -a\, \partial y$$

expresión que nos indica el cambio de la componente v manteniendo x constante puede integrarse como:

$$v = \int -adx + f(x) = -ay + f(x)$$

siendo f(x) cualquier función, puesto que:

$$\frac{\partial}{\partial y} f(x) = 0$$

deduciendo que la expresión de v, más simple, será cuando f(x)=0, con lo que:

$$v = -ay$$

y el campo de velocidades del flujo, estacionario e incompresible, queda:

$$\vec{V}(r) = ax\vec{i} + ay\vec{j}$$

Problema 3

La componente u(x,y) de la velocidad en la dirección x de un flujo estacionario bidimensional de densidad constante, está dada por:

$$\vec{u}(x,y) = \frac{3}{2}\frac{y}{\sqrt{x}} - \frac{1}{2}\frac{y^3}{\sqrt{x^3}}, \qquad para \; x > 0$$

determinar la componente v(x,y) de la velocidad, si v(x,0) = 0.

Solución

La ecuación de continuidad de un flujo estacionario, viene dada por:

$$\frac{\partial u}{\partial x} + \frac{\partial v}{\partial y} = 0$$

sustituyendo el valor de la componente u y operando, la ecuación de continuidad queda:

$$\frac{\partial\left(\frac{3}{2}\frac{y}{\sqrt{x}} - \frac{1}{2}\frac{y^3}{\sqrt{x^3}}\right)}{\partial x} + \frac{\partial v}{\partial y} = 0 \quad \rightarrow \quad \frac{\partial v}{\partial y} = \frac{3}{4}\frac{y}{\sqrt{x^3}} - \frac{3}{4}\frac{y^3}{\sqrt{x^5}}$$

integrando:

$$v(x,y) = \frac{3}{8}\frac{y}{\sqrt{x^3}} - \frac{3}{16}\frac{y^4}{\sqrt{x^5}} + f(x)$$

siendo v=0 e y=0 para todo x=0, entonces f(x)=0 y por lo tanto v(x,y) igual:

$$v(x,y) = \frac{3}{8}\frac{y}{\sqrt{x^3}} - \frac{3}{16}\frac{y^4}{\sqrt{x^5}}, \qquad x > 0$$

Problema 4

Dado el siguiente campo de velocidades de un fluido:

$$\vec{V} = \vec{V}(r) = x(1 + 2t)\vec{i} + y\vec{j}$$

determinar la trayectoria de la partícula A que en el instante t=t$_o$ se encuentra en la posición x = x$_0$, y = y$_0$, z = z$_0$.

Solución

Integrando la primera componente del campo de velocidades obtendremos la primera componente de la trayectoria:

$$u = x(1 + 2t) = \frac{dx}{dt} \ \rightarrow \ \int_{t_0}^{t}(1 + 2t)dt = \int_{x_0}^{x}\frac{dx}{x} \ \rightarrow \ x = x_0 e^{(t+t^2-t_o-t_0^2)}$$

mientras que la segunda componente:

$$v = y = \frac{dy}{dt} \ \rightarrow \ \int_{t_0}^{t}dt = \int_{x_0}^{x}\frac{dy}{y} \ \rightarrow \ y = y_0 e^{(t-t_o)}$$

Por lo que la expresión de la trayectoria de la partícula A será:

$$\vec{r}_A = \left[x_0 e^{(t+t^2-t_o-t_0^2)}\right]\vec{i} + \left[y_0 e^{(t-t_o)}\right]\vec{j}$$

Problema 5

En la sección recta de una tubería circular de radio R por la que fluye un flujo de aceite de densidad ρ_o y viscosidad dinámica μ_o en régimen laminar, el perfil de velocidades viene dado por la siguiente expresión, u(r):

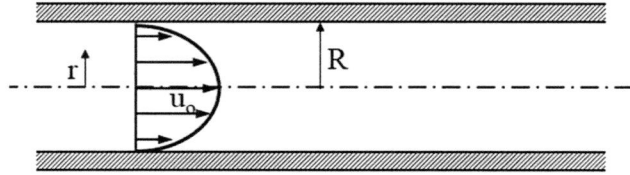

$$u(r) = u_o - Kr^2$$

siendo u_o la velocidad máxima en r = 0 ($0 \leq r \leq R$) y la distribución parabólica. Se pide:

a) Deducir el valor de la constante K

b) El caudal volumétrico Q, que circula por el conducto

c) La fuerza por unidad de longitud que ejerce el fluido sobre el conducto debida al rozamiento viscoso

Solución

Apartado a)

Dado que le fluido en contacto inmediato con una frontera sólida tiene la misma velocidad que la frontera para r = R tendremos que u(R)=0, así:

$$u(R) = u_0 - KR^2 = 0 \quad \rightarrow \quad K = \frac{u_0}{R^2}$$

por lo que el perfil de velocidades vendrá dado por:

$$u(r) = u_o - Kr^2 = u_0 - \frac{u_0}{R^2}\, r^2 = u_0 \left(1 - \frac{r^2}{R^2}\right)$$

Apartado b)

Por la ecuación de continuidad y dadas las características de la sección recta, tenemos que el caudal vendrá dado por:

$$Q = \iint \vec{V}\, d\vec{A} = \int_0^R u(r)dA = \int_0^R u(r)(2\pi r dr)$$

sustituyendo en la expresión anterior el valor de u(r) e integrando, el caudal vendrá dado por:

$$Q = \int_0^R u(r)(2\pi r dr) = \int_0^R u_0 \left(1 - \frac{r^2}{R^2}\right)(2\pi r dr)$$

$$= 2\pi u_0 \int_0^R \left(1 - \frac{r^2}{R^2}\right)(r dr) = 2\pi u_0 \int_0^R \left(r - \frac{r^3}{R^2}\right) dr = \frac{\pi R^2}{2} u_0$$

por tanto, el valor del caudal será:

$$Q = \frac{\pi R^2}{2} u_0$$

Apartado c)

De la ley de viscosidad de Newton, deducimos que el esfuerzo cortante nos vendrá dado por:

$$\frac{F}{A} = \tau = \mu_0 \left(\frac{du(r)}{dr}\right)_{r=R} = \mu_0 \left(\frac{d\left(u_0\left(1 - \frac{r^2}{R^2}\right)\right)}{dr}\right)_{r=R} = \mu_0 u_0 \left(-\frac{2r}{R^2}\right)_{r=R} = -\frac{2\mu_0 u_0}{R}$$

por lo que la fuerza por unidad de longitud sobre el conducto será:

$$\frac{F}{L} = \frac{F}{A} 2\pi R = -\frac{2\mu_0 u_0}{R} 2\pi R = -4\pi \mu_0 u_0 (N/m)$$

Capítulo 3
Análisis dinámica integral. Ecuación conservación de masa

3.1 Resultados de aprendizaje

Una vez se conocen los conceptos principales de la dinámica integral, se puede definir la ecuación de conservación de masa. Esta ecuación se puede aplicar tanto a conducciones como depósitos, considerando fluidos compresibles e incompresibles. La adquisición de los resultados de aprendizaje a través de los polimedias, así como problemas resueltos, permitirá al estudiantado poder aplicar la ecuación de conservación de masa a diferentes volúmenes de control pudiendo conocer los valores de flujos másicos y/o volumétricos, volúmenes de regulación, tiempo de llenado y/o vaciado de depósito, número de arranques de equipos de presurización, entre otros.

Los resultados de aprendizaje son:

- Enumerar la ecuación de conservación de masa aplicada a conducciones
- Aplicar la ecuación de conservación de masa a depósitos atmosféricos
- Enumerar la ecuación de conservación de masa a depósitos presurizados
- Aplicar la ecuación de conservación de masa a depósitos presurizado con fluido compresible e incompresible

3.2 Objetos de aprendizaje de ayuda para la adquisición de los resultados de aprendizaje

A continuación, se adjuntan los objetos de aprendizaje que pueden ser de utilidad para alcanzar los resultados de aprendizaje establecidos en el apartado anterior.

POLIMEDIA	LINK	CÓDIGO QR
Análisis dinámica integral. Ecuación de conservación de la masa	http://hdl.handle.net/10251/158541	
Ecuación de conservación de la masa. Conducciones	http://hdl.handle.net/10251/158421	
Ecuación de conservación de masa. Depósitos atmosféricos	http://hdl.handle.net/10251/158719	
Ecuación de conservación de masa. Depósitos presurizados con fluido compresible	http://hdl.handle.net/10251/158535	
Ecuación de conservación de masa. Depósitos presurizados con fluido compresible e incompresible	http://hdl.handle.net/10251/158447	

3.3 Problemas

Problema 1

Un fluido de aceite circula en una línea de tuberías que se contrae desde 450 mm de diámetro en A hasta 300 mm en B y luego se bifurca, siendo una rama de 150 mm y descargando en C, y la otra de 225 mm y descargando en D. Si la velocidad en A es de 1.9 m/s y la velocidad en D es de 3.6 m/s.

¿Cuál es el valor del caudal descargado en C y las velocidades en B y C?

$$Q_C = 0.159 \ m^3/s \ ; V_B = 4.275 \ m/s \ ; V_C = 8.99 \ m/s$$

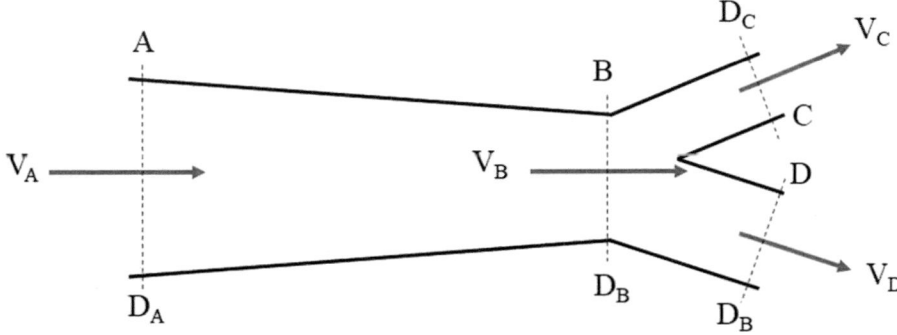

Solución

Por la ecuación de continuidad sabemos que el caudal que circula por A será el mismo que el que circula por B, y que éste será la suma del caudal de C más el caudal por D, por tanto:

$$Q_A = Q_B = Q_C + Q_D$$

Para calcular la velocidad en B, sólo hay que tener en cuenta su diámetro y que el caudal que circula por A es el mismo que el circula por B:

$$Q_A = Q_B$$

$$Q_A = V_A \cdot A_A = Q_B = V_B \cdot A_B$$

$$V_A \cdot A_A = V_B \cdot A_B$$

$$V_A \cdot \frac{\pi \cdot D_A^2}{4} = V_B \cdot \frac{\pi \cdot D_B^2}{4}$$

Sustituyendo valores:

$$1.9 \cdot \frac{\pi \cdot 0.45^2}{4} = V_B \cdot \frac{\pi \cdot 0.3^2}{4} \rightarrow V_B = 4.275 \ m/s$$

Para calcular la velocidad en C, debemos conocer el caudal que circula por éste. El caudal de C será el caudal que circula por B menos el que se va por D. El caudal de D, lo podemos calcular a partir de la velocidad en D y su sección, por tanto:

$$Q_D = V_D \cdot A_D = 3.6 \cdot \frac{\pi \cdot 0.225^2}{4} = 0.143 m^3/s$$

Conocido el caudal en D, el caudal en C, será:

$$Q_A = Q_B = Q_C + Q_D$$

$$Q_A = V_A \cdot \frac{\pi \cdot D_A^2}{4} = 1.9 \cdot \frac{\pi \cdot 0.45^2}{4} = 0.302 \ m^3/s$$

$$0.302 = Q_C + 0.143 \rightarrow Q_C = 0.159 \ m^3/s$$

Conocido el caudal en C, sólo queda calcular la velocidad en C:

$$Q_C = V_C \cdot \frac{\pi \cdot D_C^2}{4}$$

$$V_C = \frac{Q_C}{\frac{\pi \cdot D_C^2}{4}} = \frac{0.159}{\frac{\pi \cdot 0.15^2}{4}} = 8.99 \ m/s$$

Problema 2

Por una conducción, que no presenta pérdidas por rozamiento, circula por su sección de entrada un caudal de gas natural igual a 15 m³/h en condiciones normales. La presión manométrica a la entrada es 4 bar y la temperatura 25°C. A la salida se conoce que la presión es de 3 bar y la temperatura de 15°C. Teniendo en cuenta que la conducción es de 20 mm de diámetro. Se pide determinar:

a) Densidad en condiciones normales en kg/m³

$$\rho_{CN} = 0.811 \frac{kg}{m^3}$$

b) Flujo volumétrico a la salida en m³/s

$$Q_{salida} = 1.11 \, 10^{-3} \frac{m^3}{s}$$

c) Flujo másico a la entrada en kg/s

$$G = 0.0034 \frac{kg}{s}$$

d) Relación de velocidades entre la entrada y la salida de la conducción.

$$\frac{V_{ent}}{V_{sal}} = 0.833$$

Nota: considerar CN (P=10.33 mca y T = 0 °C). Masa molecular $CH_4 = 18.2 \frac{gr}{mol}$.

$$R = 8.314 \cdot 10^{-5} \frac{bar \, m^3}{mol \, K}$$

Solución

Apartado a)

La densidad en condiciones normales (ρ_{CN}) viene definida por la expresión:

$$\rho_{CN} = \frac{P_{CN}^* M}{R T_{CN}} = \frac{1.013 \cdot 18.2 \cdot 10^{-3}}{8.314 \cdot 10^{-5} \cdot 273.15} = 0.811 \frac{kg}{m^3}$$

Apartado b) y c)

El flujo volumétrico a la salida vendrá determinado por la expresión:

$$Q_{salida} = \frac{G}{\rho_{salida}}$$

Por lo tanto, en primer lugar, hay que determinar el flujo másico que se mantiene constante a lo largo de toda la conducción.

$$G = \rho_{CN} Q_{CN_{entrada}}$$

$$G = 0.811 \frac{kg}{m^3} \; 15 \frac{m^3}{h} = 12.165 \frac{kg}{h} = 0.0034 \frac{kg}{s}$$

Conocido G, es necesario determinar la densidad del fluido a la salida.

$$\rho_{salida} = \frac{P^*_{salida} M}{RT} = \frac{(1.013 + 3) \; 18.2 \cdot 10^{-3}}{8.314 \cdot 10^{-5} (273.15 + 15)} = 3.05 \frac{kg}{m^3}$$

Por tanto, el flujo volumétrico a la salida será:

$$Q_{salida} = \frac{0.0034}{3.05} = 1.11 \; 10^{-3} \frac{m^3}{s}$$

La velocidad en esta sección será:

$$V = \frac{Q}{S} = \frac{1.11 \; 10^{-3}}{\pi 0.01^2} = 3.53 \; m/s$$

Apartado d)

La velocidad a la entrada es determinada si se conocen el flujo volumétrico para las condiciones de entrada y su densidad. Por tanto, repitiendo las operaciones de los apartados anteriores

$$\rho_{entrada} = \frac{P^*_{entrada} M}{RT} = \frac{(1.013 + 4) \; 18.2 \cdot 10^{-3}}{8.314 \cdot 10^{-5} (273.15 + 25)} = 3.68 \frac{kg}{m^3}$$

$$Q_{entrada} = \frac{0.0034}{3.68} = 9.24 \; 10^{-4} \frac{m^3}{s}$$

$$V = \frac{Q}{S} = \frac{9.24 \; 10^{-4}}{\pi 0.01^2} = 2.94 \; m/s$$

Por tanto,

$$\frac{V_{ent}}{V_{sal}} = \frac{2.94}{3.53} = 0.833$$

Problema 3

En una industria de inyección de moldes existen diferentes herramientas que funcionan con aire comprimido. Los consumos de la industria son 10 m³/h en condiciones normales. El caudal de llenado del calderín viene definido por la expresión Q=15-0.000001P (Q (m³/h) y P(Pa)). Se conoce que la presión manométrica de parado es de 10 bar y la de arranque 5 bar. Determinar el volumen mínimo para que el compresor tenga un número máximo de arranques de 6 veces a la hora. Las condiciones de trabajo son 10°C y las condiciones normales ($P_{atm} = 10.33\ mca$ y $T = 20°C$). La constante del aire es $287.7\ \frac{Pa\ m^3}{kg\ K}$

$$\forall = 0.0967\ m^3.$$

Solución

Partiendo de la ecuación de conservación de masa en depósitos presurizados con flujo compresible

$$\frac{dP^*}{dt} = \frac{RT}{\forall} \sum G_{ent} - \sum G_{sal}$$

Para las condiciones normales, la densidad será:

$$\rho_{CN} = \frac{P^*}{RT} = \frac{101325}{287.7\ 293.15} = 1.20\ \frac{kg}{m^3}$$

Por tanto, el flujo másico de salida será:

$$G_{sal} = 10\ \frac{m^3}{h}\ 1.2\ \frac{kg}{m^3} = 12\ \frac{kg}{h} = 3.3\ 10^{-3}\ \frac{kg}{s}$$

El flujo másico de entrada es:

$$G_{ent} = (15 - 0.000001P)\ \frac{m^3}{h}\ 1.2\ \frac{kg}{m^3} = (5\ 10^{-3} - 3.33\ 10^{-10}P)\ \frac{kg}{s}$$

Existirá una fase de vaciado y una de llenado.

En la fase de vaciado, la expresión vendrá definida por:

$$\frac{dP^*}{dt} = -\frac{287.7\ 283.15}{\forall} 3.3\ 10^{-3}$$

$$\int_{P_{paro}}^{P_{arranque}} dP^* = -\frac{271.27}{\forall} \int_{t=0}^{t_{vac}} dt$$

$$\int_{1013250}^{506625} dP^* = -\frac{271.27}{\forall} \int_{t=0}^{t_{vac}} dt$$

$$1807.6\forall = t_{vac}$$

En la fase de llenado la ecuación de conservación será:

$$\frac{dP^*}{dt} = -\frac{287.7\ 283.15}{\forall}\left((5\ 10^{-3} - 3.33\ 10^{-10}P^*) - 3.3\ 10^{-3}\right)$$

$$\frac{dP^*}{(1.67\ 10^{-3} - 3.33\ 10^{-10}P^*)} = -\frac{287.7\ 283.15}{\forall}dt$$

$$\int_{506625}^{1013250}\frac{dP^*}{(1.67\ 10^{-3} - 3.33\ 10^{-10}P^*)} = \frac{81462.25}{\forall}\int_{t=0}^{t_{llenado}}dt$$

$$\int_{506625}^{1013250}\frac{dP^*}{(1.67\ 10^{-3} - 3.33\ 10^{-10}P^*)} = \frac{81462.25}{\forall}\int_{t=0}^{t_{llenado}}dt$$

$$-\frac{1}{3.33\ 10^{-10}}\ln\left(\frac{1.67\ 10^{-3} - 3.33\ 10^{-10}1013250}{1.67\ 10^{-3} - 3.33\ 10^{-10}506625}\right) = \frac{81462.25}{\forall}t_{llenado}$$

$$357971744.99 = \frac{81462.25}{\forall}t_{llenado}$$

$$t_{llenado} = 4394.33\forall$$

$$t_{llenado} + t_{vaciado} = 4394.33\forall + 1807.6\forall = \frac{3600}{6} = 600\ s$$

$$\forall = 0.0967\ m^3$$

Problema 4

En una industria mecánica existen diferentes herramientas que funcionan con aire comprimido. Para lograr ese aire comprimido se cuenta con un compresor conectado a un depósito presurizado. El depósito presurizado cuenta con un presostato, cuando la presión desciende de la presión de arranque el compresor arranca, llenando el depósito, y para cuando se alcanza la presión de paro. El consumo total de la industria que se obtiene del depósito presurizado es 20 Nm³ /h, este consumo es constante e ininterrumpido.

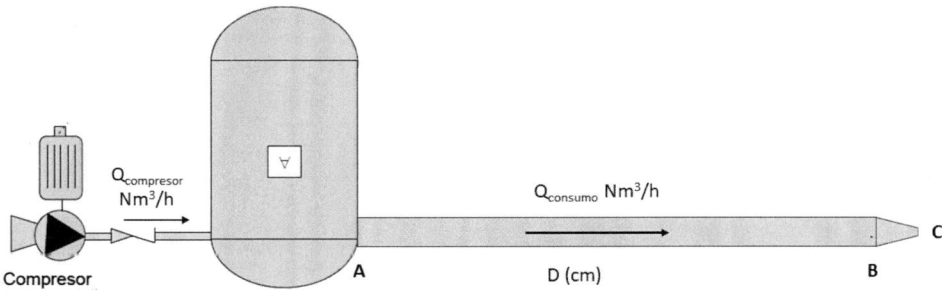

La diferencia de presiones (medidas) entre la presión de arranque y la presión de paro del compresor es de 1 bar. El volumen del depósito presurizado es de 650 litros. La temperatura en el depósito presurizado es de 10°C y la constante del aire 287.7 Pa·m³/kg°K. Las condiciones Normales son: P_{atm}=10.33 mca; T^a=20°C. Considerar que el aire se comporta como un gas ideal.

a) Determinar el caudal (medido en condiciones normales) en m³/h que deberá impulsar el compresor para evitar que éste arranque más de 10 veces a la hora.

$$Q_{e,CN} = 29.94 m^3/h$$

A la salida del depósito hay una conducción de diámetro D=10cm y temperatura en la conducción la misma que en el depósito, por la que circula el aire que proviene del depósito.

b) Calcula la velocidad máxima en el punto B, sabiendo que la presión de paro del compresor es de 5 kp/cm² y que la presión relativa en B es un 15% menor que en A (punto de salida del compresor).

$$V_{B,máx} = 0.16 m/s$$

Solución

Apartado a)

Dado que el objetivo es que el compresor no arranque más de 10 veces a la hora, el tiempo total del ciclo debe ser igual o superior a:

$$\frac{1 hora}{10\ arranques} = \frac{3600s}{10\ arranques} = 360s/arr$$

$$T_c \geq 360s$$

Esto implica que el tiempo que tarda en llenarse (desde que arranca el compresor hasta que se para) y el tiempo que tarda en vaciarse (desde que está parado hasta que vuelve a arrancar), debe ser igual o superior a 360s:

$$T_c = T_{LL} + T_V \geq 360s$$

A partir de la expresión de funcionamiento de los depósitos presurizados todo aire:

$$\frac{\forall}{RT}\frac{dP^*}{dt} = G_{ent} - G_{sal}$$

El gasto másico de entrada se corresponde con el caudal impulsado por el compresor (valor que nos piden calcular) y el gasto másico de salida con el caudal consumido por la instalación. Calculamos el valor del gasto másico de salida, del que conocemos el valor del caudal medido en condiciones normales:

$$G_{sal,CN} = \rho_{CN} \cdot Q_{sal,CN}$$

Como el gas se comporta como un gas ideal, y conocemos los valores de presión y temperatura en condiciones normales:

$$\rho_{CN} = \frac{P^*}{RT} = \frac{(10.33 \cdot 9810)\ Pa}{287.7 \cdot (273.15 + 20)K} = 1.2 kg/m^3$$

$$G_{sal,CN} = \rho_{CN} \cdot Q_{sal,CN} = \frac{1.2 kg}{m^3} \cdot \frac{20 m^3}{h} \cdot \frac{1h}{3600s} = 6.67 \cdot 10^{-3} kg/s$$

Diferenciamos la fase de llenado y la fase de vaciado.

Fase de llenado: en la fase de llenado la presión inicial es la presión de arranque y la presión final es la presión de paro. El gasto másico de entrada es el impulsado por el compresor y el gasto de salida el consumido por la instalación:

$$\frac{\forall}{RT}\int_{P^*_{arr}}^{P^*_{paro}} dP^* = (G_{ent} - G_{sal})\int_{t=0}^{t_{llenado}} dt$$

$$\frac{\forall}{RT}\left(P^*_{paro} - P^*_{arr}\right) = (G_{ent} - G_{sal})t_{llenado}$$

$$\frac{\forall}{RT}\left[\left(P_{paro} + P_{atm}\right) - \left(P_{arr} + P_{atm}\right)\right] = (G_{ent} - G_{sal})t_{llenado}$$

Sabemos que la diferencia entre la presión relativa de arranque y de paro es de 1bar=$1 \cdot 10^5$ Pa

Sustituimos valores:

$$\frac{0.65}{287.7 \cdot (273.15 + 10)} [1 \cdot 10^5] = (G_{ent} - 6.67 \cdot 10^{-3}) \, t_{llenado}$$

$$0.7979 = (G_{ent} - 6.67 \cdot 10^{-3}) \, t_{llenado}$$

$$t_{llenado} = \frac{0.7979}{(G_{ent} - 6.67 \cdot 10^{-3})}$$

Fase de vaciado: en la fase de vaciado, la presión inicial es cuando para el compresor porque se ha alcanzado la presión máxima y la presión final la mínima que se corresponde con la presión de arranque del compresor. No hay caudal de entrada porque el compresor está parado y el caudal de salida, que es constante, es el que demanda la industria:

$$\frac{\forall}{RT} \int_{P^*_{paro}}^{P^*_{arr}} dP^* = (0 - G_{sal}) \int_{t-0}^{tvaciado} dt$$

$$\frac{\forall}{RT} \left(P^*_{arr} - P^*_{paro} \right) = (0 - G_{sal}) t_{vaciado}$$

$$\frac{\forall}{RT} \left[(P_{arr} + P_{atm}) - \left(P_{paro} + P_{atm} \right) \right] = (0 - G_{sal}) t_{vaciado}$$

Sustituyendo valores, teniendo en cuenta que ahora la diferencia entre la presión de arranque y la de paro (final menos inicial) es de -1bar.

$$\frac{0.65}{287.7 \cdot (273.15 + 10)} [-1 \cdot 10^5] = (0 - 6.67 \cdot 10^{-3}) \, t_{vaciado}$$

$$-0.7979 = (0 - 6.67 \cdot 10^{-3}) \, t_{vaciado}$$

$$t_{vaciado} = \frac{-0.7979}{-6.67 \cdot 10^{-3}} = 119.53s$$

A partir de la condición del número de arranques máximos, despejamos el valor del caudal del compresor:

$$T_c = T_{LL} + T_V \geq 360s$$

$$T_c = \frac{0.7979}{(G_{ent} - 6.67 \cdot 10^{-3})} + 119.53 \geq 360s$$

$$\frac{0.7979}{360 - 119.53} + 6.67 \cdot 10^{-3} = G_{ent} = 9.99 \cdot 10^{-3} \, kg/s$$

Que, medido en condiciones normales, supone un caudal volumétrico de:

$$G_{ent,CN} = \rho_{CN} \cdot Q_{ent,CN}$$

$$Q_{ent,CN} = \frac{G_{ent,CN}}{\rho_{CN}} = \frac{9.99 \cdot 10^{-3} \, kg/s}{1.2 kg/m^3} = \frac{8.32 m^3}{s} = 29.94 \, m^3/h$$

Apartado b)

Ahora se trata de analizar únicamente el conducto, desde el punto A al punto B. Por la ecuación de continuidad:

$$G_A = G_B$$

Donde:

$$G = Q\rho$$

Podemos calcular el valor de G porque conocemos el valor de Q en condiciones normales y podemos obtener el valor de la densidad en las mismas condiciones en las que se ha medido el caudal. La presión en condiciones normales es la presión atmosférica que tiene un valor de 10.33mca y una temperatura de 20°C.

$$\rho_{CN} = \frac{P^*}{RT} = \frac{(10.33 \cdot 9810) \, Pa}{287.7 \cdot (273.15 + 20)K} = 1.2 kg/m^3$$

Por tanto, el caudal másico, tal como hemos calculado en el apartado anterior:

$$G_{CN} = \rho_{CN} \cdot Q_{CN} = \frac{1.2 kg}{m^3} \cdot \frac{20 m^3}{h} \cdot \frac{1h}{3600s} = 6.67 \cdot 10^{-3} kg/s$$

Conocido el caudal másico que se mantiene constante, podemos calcular el caudal en B y la velocidad en B:

$$G = Q_B \cdot \rho_B$$

La densidad en B será consecuencia de la presión y la temperatura en B. Sabemos que la presión en B es un 15% inferior a la presión en A. La presión en A, es variable entre el valor de la presión de paro (máxima) y la presión de arranque (mínima).

Como solicita la velocidad máxima, ésta se dará cuando el caudal Q sea máximo, y el caudal Q será máximo cuando la densidad (y por tanto la presión) sea la más pequeña posible. La presión en el punto A será más pequeña cuando se alcance la presión de arranque (mínima). Como conocemos la presión de paro y sabemos que la diferencia de presiones entre el paro y el arranque es de 1 bar:

$$P_{A,min} = \frac{5kp}{cm^2} \cdot \frac{9.81 \cdot 10^4 Pa}{1 kp/cm^2} - 1 bar \frac{10^5 Pa}{1 bar} = 390500 Pa$$

Conocida la presión mínima en A, y sabiendo que la presión en B es 15% inferior que en A:

$$P_B = 0.85 \cdot P_A = 0.85 \cdot 390500 = 331925 Pa$$

$$\rho_B = \frac{P_B^*}{R \cdot T_B} = \frac{331925 + 10.33 \cdot 9810}{287.7 \cdot (273.15 + 10)} = 5.32 kg/m^3$$

Por lo que el caudal volumétrico en B:

$$Q_B = \frac{G}{\rho_B} = \frac{6.67 \cdot 10^{-3}}{5.32} = 1.25 \cdot 10^{-3} m^3/s$$

Y la velocidad en B:

$$Q_B = V_B \cdot A_B \rightarrow V_B = \frac{Q_B}{A_B} = \frac{1.25 \cdot 10^{-3}}{\frac{\pi 0.10^2}{4}} = \frac{0.16m}{s}$$

Problema 5

Un depósito de agua abierto a la atmósfera de diámetro 0.5m, tiene un orificio de diámetro de 10 cm a través del cual se descarga agua a la atmósfera. El nivel del agua inicialmente es de 0.9 m.

a) ¿Cuánto tiempo pasará hasta que se descargue la mitad del agua del depósito?

$$t = 3.14s$$

b) ¿Cuál será el nivel del agua en el depósito a los 1.2s?

$$z = 0.71m$$

Se decide presurizar el depósito, transformándolo en un calderín agua – aire y cuyo llenado se hace a través de una bomba. Se mantiene el diámetro del depósito y su volumen total es de 353 litros. Se añade una tubería de entrada de agua por la que circula un caudal de 7m³/h. Asimismo, se sustituye la salida de agua a la atmósfera por una tubería, de forma que el caudal de salida sea constante e igual a 3l/s.

La presión relativa del aire cuando la bomba arranca es de 5 bar y el nivel del agua es 0.3m. Cuando se alcanzan los 8 bar (presión manométrica), la bomba se para.

La evolución del aire dentro del depósito es isoterma y su comportamiento se asemeja al de un gas perfecto.

c) Calcular el volumen del aire dentro del depósito cuando la presión alcanza los 8 bar y la bomba para.

$$\forall_{aire} = 196.2l$$

d) ¿Cuál será el tiempo transcurrido desde que arranca la bomba hasta que para?

$$t_{ll} = 88.11s$$

Notas:

- *La evolución del aire dentro del depósito es isoterma y su comportamiento se asemeja al de un gas perfecto*

- *Presión atmosférica: 10.33 mca*

Solución

Apartado a)

A partir de la ecuación de conservación de la masa:

$$\rho \frac{d\forall}{dt} + \forall \frac{d\rho}{dt} = \sum_{entradas\ i} (\rho Q_i) - \sum_{salidas\ j} (\rho Q_j)$$

Como se trata de un depósito atmosférico (fluido incompresible) sin entradas y una sola salida:

$$\rho \frac{d\forall}{dt} = -\rho Q_s$$

La densidad del fluido es la misma dentro del volumen de control y en la salida (fluido incompresible). Además, tenemos un depósito con una sección constante. Por lo tanto:

$$A_d \frac{dz}{dt} = -Q_s$$

Por otro lado, el caudal de salida por el orificio:

$$Q_s = V_s \cdot A_s$$

Y al tratarse de una descarga de agua a la atmósfera:

$$V_s = \sqrt{2 \cdot g \cdot z}$$

De este modo, la ecuación de conservación de la masa queda:

$$A_d \frac{dz}{dt} = -A_s \cdot \sqrt{2 \cdot g \cdot z}$$

Reorganizamos los términos:

$$\frac{A_d}{-A_s \cdot \sqrt{2 \cdot g}} \cdot \frac{dz}{\sqrt{z}} = dt$$

Siendo, el área del depósito A_d y el área del orificio de salida A_s:

$$A_d = \frac{\pi D_d^{\,2}}{4}; \; A_s = \frac{\pi D_s^{\,2}}{4}$$

Sustituimos e integramos

$$\frac{D_d^{\,2}}{-D_s^{\,2} \cdot \sqrt{2 \cdot g}} \cdot \int_{z_i}^{z_f} \frac{dz}{\sqrt{z}} = \int_0^t dt \rightarrow t = \frac{D_d^{\,2}}{-D_s^{\,2} \cdot \sqrt{2 \cdot g}} \cdot \left(2\sqrt{z_f} - 2\sqrt{z_0}\right)$$

Sustituyendo por los valores numéricos:

$$t = \frac{0.5^2}{-0.1^2 \cdot \sqrt{2 \cdot 9.81}} \cdot \left(2\sqrt{0.45} - 2\sqrt{0.9}\right) = 3.14 s$$

Apartado b)

Para conocer la altura que alcanzará el agua a los 1.2s, partimos de la misma ecuación que en el apartado anterior:

$$\frac{D_d^2}{-D_s^2 \cdot \sqrt{2 \cdot g}} \cdot \int_{z_i}^{z} \frac{dz}{\sqrt{z}} = \int_0^t dt \rightarrow t = \frac{D_d^2}{-D_s^2 \cdot \sqrt{2 \cdot g}} \cdot \left(2\sqrt{z} - 2\sqrt{z_0}\right)$$

Despejamos z, nuestra incógnita:

$$z = \left(\sqrt{z_0} - \frac{t \cdot \sqrt{2 \cdot g} \cdot D_s^2}{2 \cdot D_d^2 \cdot}\right)^2 = \left(\sqrt{0.9} - \frac{1.2 \cdot \sqrt{2 \cdot 9.81} \cdot 0.1^2}{2 \cdot 0.5^2}\right)^2 = 0.71m$$

Apartado c)

Tenemos un calderín agua-aire, siendo la evolución del gas isoterma y con comportamiento de gas perfecto.

Conocemos el volumen en el instante del arranque de la bomba, puesto que conocemos el nivel del agua y el volumen total del calderín (353 litros). Así, el volumen de aire en el momento del arranque de la bomba será:

$$\forall_{aire} = \forall_{total} - \forall_{agua}$$

El volumen del agua será función del área del depósito y el nivel del agua cuando arranca la bomba:

$$\forall_{agua} = Z_{agua} \cdot \frac{\pi D_d^2}{4} = 0.3 \cdot \frac{\pi \cdot 0.5^2}{4} = 0.0.589m^3$$

Por lo tanto:

$$\forall_{aire} = 0.353 - 0.0589 = 0.2941m^3$$

Pasaremos a calcular el volumen cuando para la bomba. Como la evolución del gas es isoterma la temperatura del aire se mantiene constante, lo que implica que la temperatura en la situación de arranque y de paro será la misma.

$$T_a = T_p$$

Y como el aire tiene comportamiento de gas perfecto, $\rho = \frac{P^*}{RT}$

$$T_a = \frac{P_a^*}{R \cdot \rho_a} = T_p = \frac{P_p^*}{R \cdot \rho_p}$$

Así:

$$\frac{P_a^{\ *}}{\rho_a} = \frac{P_p^{\ *}}{\rho_p}$$

$$\frac{P_a^{\ *}}{\frac{m_a}{V_a}} = \frac{P_p^{\ *}}{\frac{m_b}{V_a}}$$

Como la masa de aire permanece constante dentro del calderín (únicamente, varía su densidad y volumen):

$$P_a^{\ *} \cdot \forall_a = P_p^{\ *} \cdot \forall_p$$

$$\forall_p = \frac{P_a^{\ *} \cdot \forall_a}{P_p^{\ *}} = \frac{(5 \cdot 10^5 + 10.33 \cdot 9810) \cdot 0.2941}{8 \cdot 10^5 + 10.33 \cdot 9810} = 0.1962 m^3 = 196.2 l$$

Apartado d)

Para conocer el ciclo de llenado del calderín, planteamos la ecuación integral de continuidad de la masa particularizada para depósitos agua-aire:

$$\frac{d\forall_{aire}}{dt} = Q_s - Q_e$$

En el llenado del calderín (mientras la bomba está en marcha), tenemos caudal de salida y de entrada, ambos constantes con el tiempo durante toda la fase de llenado. El volumen inicial en la fase de llenado, será el correspondiente con la presión de arranque y el volumen final se corresponderá con el volumen asociado a la presión de paro:

$$\int_{\forall_a}^{\forall_p} d\forall_{aire} = (Q_s - Q_e) \cdot \int_0^{t_{ll}} dt$$

Resolviendo la integral:

$$\forall_p - \forall_a = (Q_s - Q_e) \cdot t_{ll}$$

$$t_{ll} = \frac{\forall_p - \forall_a}{Q_s - Q_e} = \frac{0.1962 - 0.2941}{3/3600 - 7/3600} = 88.11 s$$

Capítulo 4
Análisis dinámica integral. Ecuación conservación energía y ecuación Bernoulli

4.1 Resultados de aprendizaje

En esta sección, el estudiantado podrá determinar la ecuación de conservación de la energía a través del Teorema de Arrastre de Reynolds (TAR). Además, incluye el estudio de la ecuación de Euler, que permite obtener la ecuación de Bernoulli. Este trinomio será fundamental para que se pueda determinar los parámetros de caudal y presión en diferentes secciones cuando el fluido se encuentra en movimiento.

Los resultados de aprendizaje son:

- Enumerar la ecuación de conservación de energía a partir del TAR
- Aplicar la ecuación de conservación de energía
- Enumerar la ecuación de Euler y la obtención de la ecuación de Bernoulli
- Aplicar el trinomio de Bernoulli a diferentes casos de estudio

4.2 Objetos de aprendizaje de ayuda para la adquisición de los resultados de aprendizaje

A continuación, se adjuntan los objetos de aprendizaje que pueden ser de utilidad para alcanzar los resultados de aprendizaje establecidos en el apartado anterior.

POLIMEDIA	LINK	CÓDIGO QR
Análisis dinámica integral. Ecuación conservación de la energía	http://hdl.handle.net/10251/158423	
Ecuación de Euler y Bernoulli	http://hdl.handle.net/10251/158457	
Comparativa entre la ecuación de la energía y la ecuación de Bernoulli	http://hdl.handle.net/10251/158536	
Aplicación de la ecuación de Bernoulli. Casos de estudio	http://hdl.handle.net/10251/160637	
Aplicación de la ecuación de Bernoulli. Venturi	http://hdl.handle.net/10251/160630	

4.3 Problemas

Problema 1

Un termoacumulador de energía eléctrica tiene una resistencia calefactora del agua de potencia 1.3 kW. El acumulador está lleno de 200 l de agua a 70ºC. En un momento dado se abre un punto de consumo de manera que la resistencia calefactora se pone inmediatamente en marcha. La temperatura de entrada del agua al termo es de 15ºC constante, mientras que la temperatura de salida va disminuyendo de manera progresiva al entrar agua fría y no ser capaz la resistencia de mantener la temperatura en 70ºC.

Suponiendo que el consumo agua es constante, de valor 0.3 l/s.

Se conoce la presión del agua fría a la entrada, de 3.5 kp/cm² y la de salida que es 2.0 kp/cm², medidas ambas con sendos manómetros situados a la misma cota. Las secciones de entrada y salida al termo son iguales.

Se admite que la temperatura de salida del termo es igual a la temperatura del agua en el interior del mismo en cada instante y que dentro del termo no existe estratificación, de manera que se mezcla en cada momento toda el agua fría entrante con la contenida en su interior a una temperatura superior.

   a) ¿Cuál será la temperatura a los 10 min de comenzar el consumo?

$$T = 37.99ºC$$

   b) ¿Cuál será la temperatura a las 3 horas?

$$T = 16.07ºC$$

Datos:

   - Calor específico del agua: C_p= 1 Kcal/kgºK

   - 1 cal = 4.18 Julios

Solución

Apartado a)

A partir de la ecuación integral de la energía:

$$\frac{dQ}{dt} + W_{eje} = \frac{d}{dt} \iiint \left(\rho(gz + \frac{V^2}{2} + C_eT) \right) \forall + \sum_{sal} G(gz + \frac{P}{\rho} + \frac{V^2}{2} + C_eT) - \sum_{ent} G(gz$$
$$+ \frac{P}{\rho} + \frac{V^2}{2} + C_eT)$$

Teniendo en cuenta que no existe potencia mecánica ($W_{eje} = 0$), que la variación de cota y de velocidad en el interior del termo, interior del volumen de control no se considera, ya que la no existe estratificación, y que únicamente se cuenta con una entrada y una salida:

$$\frac{dQ}{dt} = \rho \forall C_p \frac{dT}{dt} + \rho_s Q_s \left(g z_s + \frac{P_s}{\rho_s} + \frac{V_s^2}{2} + C_p T_s \right) - \rho_e Q_e \left(g z_e + \frac{P_e}{\rho_e} + \frac{V_e^2}{2} + C_p T_e \right)$$

Analicemos término a término. La potencia calorífica:

$$\frac{dQ}{dt} = 1.3 kW = 1300 W$$

La variación con el tiempo dentro del volumen de control y el valor del calor específico del agua:

$$C_p = 1 \frac{kcal}{kg \cdot K} \frac{1000 cal}{1 kcal} \frac{4.18 J}{1 cal} = 4180 J/kgK$$

$$\rho \forall C_p \frac{dT}{dt} = 1000 \cdot 0.2 \cdot 4180 \frac{dT}{dt} = 836 \cdot 10^3 \frac{dT}{dt}$$

La energía de entrada y de salida a través de las superficies de control:

$$\rho_s Q_s \left(g z_s + \frac{P_s}{\rho_s} + \frac{V_s^2}{2} + C_p T_s \right) - \rho_e Q_e \left(g z_e + \frac{P_e}{\rho_e} + \frac{V_e^2}{2} + C_p T_e \right)$$

Teniendo en cuenta que el caudal de entrada (Q_e) debe ser igual al caudal de salida (Q_s) para que el termo siempre esté lleno de agua y que la densidad se mantiene constante al tratarse de un fluido incompresible;

$$\rho Q \left(g(z_s - z_e) + \frac{P_s - P_e}{\rho} + \frac{V_s^2 - V_e^2}{2} + C_p(T_s - T_e) \right)$$

Como el caudal de entrada y de salida es el mismo, y las secciones de entrada y de salida también lo son, $V_s = V_e$. Y como se indica que entrada y salida se encuentran a la misma cota, $z_s = z_e$. Por tanto:

$$\rho Q \left(\frac{P_s - P_e}{\rho} + C_p(T_s - T_e) \right)$$

Sustituyendo por los valores numéricos, y sabiendo que $1 kp/cm^2 = 9.81 \cdot 10^4 \, Pa$:

$$\rho Q \left(\frac{P_s - P_e}{\rho} + C_p(T_s - T_e) \right) =$$

$$= 1000 \cdot 0.3 \cdot 10^{-3} \cdot \left(\frac{(2 - 3.5) \cdot 9.81 \cdot 10^4}{1000} + 4180 \big(T_s - (15 + 273.15) \big) \right)$$

$$= 1254 \cdot T_s - 361384.25$$

Unificando todos los términos:

$$1300 = 836 \cdot 10^3 \frac{dT}{dt} + (1254 \cdot T_s - 361384.25)$$

$$836 \cdot 10^3 \frac{dT}{dt} = 1300 - 1254 \cdot T_s + 361384.25 = 362684.25 - 1254 \cdot T_s$$

Dejamos todos los términos que dependen de la temperatura a un lado, y los que dependen del tiempo a otro:

$$\frac{836 \cdot 10^3}{362684.25 - 1254 \cdot T_s} dT = dt$$

La temperatura de salida coincide con la temperatura que tiene el termo en cada instante, por lo que T= Ts. Integramos entre la temperatura inicial en el termo (70ºC) y la temperatura para el tiempo t_f:

$$\int_{T_i=70+273.15}^{T_f} \frac{836 \cdot 10^3}{362684.25 - 1254 \cdot T} dT = \int_{t_i=0}^{t_f} dt$$

$$-\frac{836 \cdot 10^3}{1254} \ln \left[\frac{362684.25 - 1254 \cdot T}{362684.25 - 1254 \cdot 343.15} \right] = t_f$$

$$-\frac{836 \cdot 10^3}{1254} \ln \left[\frac{362684.25 - 1254 \cdot T}{-67625.85} \right] = t_f$$

$$\ln \left[\frac{362684.25 - 1254 \cdot T}{-67625.85} \right] = -1.5 \cdot 10^{-3} t_f$$

$$362684.25 - 1254 \cdot T = -67625.85 \cdot e^{-1.5 \cdot 10^{-3} t_f}$$

$$T = 53.92 \cdot e^{-1.5 \cdot 10^{-3} t_f} + 289.22$$

Al cabo de 10 min;

$$T = 53.92 \cdot e^{-1.5 \cdot 10^{-3}(10 \cdot 60)} + 289.22 = 311.14K = 37.99ºC$$

Apartado b)

La temperatura al cabo de 3 horas:

$$T = 53.92 \cdot e^{-1.5 \cdot 10^{-3}(3 \cdot 3600)} + 289.22 = 289.22K = 16.07ºC$$

Esta temperatura coincide con la temperatura en el régimen permanente suponiendo un caudal constante de salida, es decir la temperatura mínima que habrá dentro del termo si se mantiene un consumo indefinido y la resistencia funcionando, lo que implica $t_f \to \infty$

$$T = 53.92 \cdot 0 + 289.22 = 289.22K = 16.07ºC$$

Problema 2

El esquema de la figura muestra la conexión de una cocina doméstica. El termoacumulador eléctrico tiene una potencia de 1.5 kW. El termo se alimenta de agua cuya temperatura de entrada es 20°C. Para un caudal de consumo (agua fría + agua caliente) de 0.15 l/s. Las presiones son iguales en todas las entradas y salidas, así como su cota geométrica. Se pide determinar:

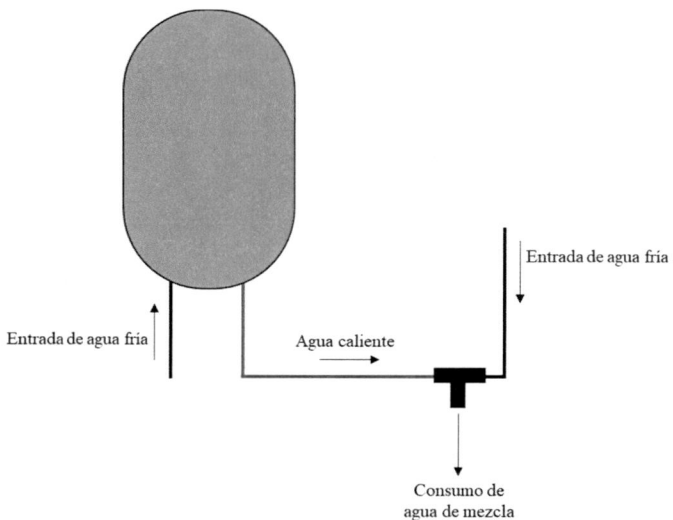

a) Caudal de agua caliente necesario para que el agua consumida presente una temperatura de 31°C en el instante inicial. Teniendo en cuenta que la temperatura inicial del termo es de 60°C.

$$Q_{ac} = 0.049 \ l/s$$
$$Q_{af} = 0.101 \ l/s$$

b) Qué temperatura tendrá el termo si la temperatura del agua consumida es de 25°C, manteniendo constante la salida de agua caliente y fría del apartado anterior:

$$T_0 = 38.29º C$$

c) Volumen mínimo del termo para que la temperatura de salida no descienda por debajo de 25°C a los 15 min

$$\forall = 0.031 \ m^3$$

Solución

Apartado a)

Teniendo en cuenta la ecuación de conservación de masa, y la de la energía para un fluido en régimen permanente en el instante inicial

$$Q_{ac} + Q_{af} = Q_c$$

$$Q_{ac}T_0 + Q_{af}T_f = Q_cT_c$$

$$Q_{ac} + Q_{af} = 0.15$$

$$Q_{ac}60 + Q_{af}20 = 0.15\ 31$$

$$Q_{ac} = 0.041\ l/s$$

$$Q_{af} = 0.109\ l/s$$

Apartado b)

En este caso, al igual que el anterior, el sistema se supone en régimen permanente.

$$0.041T_0 + 0.109\ 20 = 0.15\ 25$$

$$T_0 = 38.29^\circ C$$

Apartado c)

$$\frac{dQ}{dt} + W_{eje} = \frac{d}{dt}\iiint \left(\rho(gz + \frac{V^2}{2} + C_eT)\right)\forall + \sum_{sal} G(gz + \frac{P}{\rho} + \frac{V^2}{2} + C_eT) - \sum_{ent} G(gz$$
$$+ \frac{P}{\rho} + \frac{V^2}{2} + C_eT)$$

Teniendo en cuenta que los términos cinéticos, de cota son despreciables y las presiones de entrada y salida iguales, según el enunciado

$$\frac{dQ}{dt} = \rho\forall C_e\frac{dT}{dt} + \rho QC_eT_s - \rho QC_eT_e$$

$$1500 = 1000\ \forall\ 4180\ \frac{dT}{dt} + 1000\frac{0.041}{1000}\ 4180\ T_s - 1000\frac{0.041}{1000}\ 4180\ (273 + 20)$$

$$4.18\ 10^6\ \forall\ \frac{dT}{51714.34 - 171.38\ T_s} = dt$$

$$4.18\ 10^6\ \forall\ \int_{(273+60)}^{(273+38.29)}\frac{dT}{51714.34 - 171.38\ T_s} = \int_0^{900}dt$$

$$-\frac{4.18\ 10^6\ \forall}{171.38}\ln((51714.34 - 171.38\ 311.29)/(51714.34 - 171.38\ 333)) = 900$$

$$\forall = 0.031\ m^3$$

Problema 3

Una tubería que transporta aceite de densidad relativa 0.877, pasa de 15 cm de diámetro en el punto E a 45 cm de diámetro en R. La sección E está 3.40 m por debajo de R y las presiones son 0.930 kg/cm²y 0.615 kg/cm², respectivamente.

Si el caudal es de 146 l/s. Determinar la pérdida de carga en la dirección del flujo.

$$h_p = 3.625mcf$$

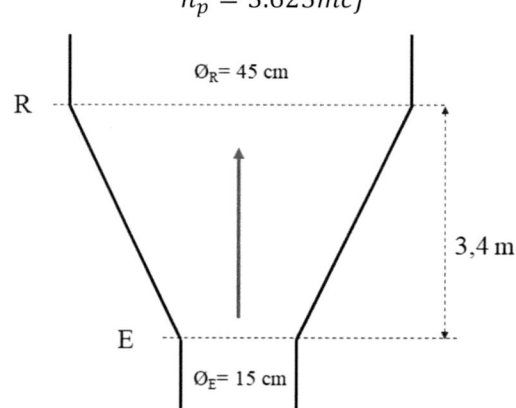

Solución

Aplicamos Bernoulli entre el punto E y el punto R:

$$\frac{P_E}{\gamma} + z_E + \frac{V_E^2}{2g} = \frac{P_R}{\gamma} + z_R + \frac{V_R^2}{2g} + h_p$$

Y calculamos cada uno de los términos:

$$\frac{P_E}{\gamma} = \frac{0.93 \cdot 9.81 \cdot 10^4}{0.877 \cdot 1000 \cdot 9.81} = 10.604mcf$$

$$\frac{P_R}{\gamma} = \frac{0.615 \cdot 9.81 \cdot 10^4}{0.877 \cdot 1000 \cdot 9.81} = 7.012mcf$$

El caudal que circula por E y por R es el mismo por la ecuación de continuidad, por tanto, las velocidades en ambas secciones:

$$Q_E = V_E \cdot A_E; \quad V_E = \frac{Q_E}{A_E} = \frac{Q_E}{\frac{\pi D_E^2}{4}} = \frac{0.146}{\frac{\pi 0.15^2}{4}} = 8.26m/s$$

$$Q_R = V_R \cdot A_R; \quad V_R = \frac{Q_R}{A_R} = \frac{Q_R}{\frac{\pi D_R^2}{4}} = \frac{0.146}{\frac{\pi 0.45^2}{4}} = 0.92m/s$$

De la ecuación de Bernoulli despejamos las pérdidas de carga entre el punto E y el punto R:

$$h_p = \frac{P_E}{\gamma} - \frac{P_R}{\gamma} + z_E - z_R + \frac{V_E^2}{2g} - \frac{V_R^2}{2g}$$

Y $z_R - z_E = 3.4m$, por tanto:

$$h_p = 10.604 - 7.013 + (-3.4) + \frac{8.26^2}{2g} - \frac{0.92^2}{2g}$$

$$h_p = 3.591 - 3.4 + 3.43 = 3.625mcf$$

Problema 4

La figura A muestra un camión de extinción de incendios que se dispone a sofocar un incendio que tiene lugar en un hotel de 30 m de altura. El conductor del camión debe colocar el camión a la distancia correcta para que un chorro, en condiciones ideales (despreciando las pérdidas por fricción y suponiendo que la ecuación de Bernoulli se mantiene constante a lo largo de todo el chorro).

a) Teniendo en cuenta (figura B) que la bomba aporta una energía de 4 bar. Determinar el caudal empleado para extinguir el incendio, sabiendo que la energía en la sección "0" son 0 mca, no existen pérdidas de carga entre "0" y "1", la diferencia de cotas entre la sección "0" y "1" se considera despreciable y el diámetro de la boquilla es de 5 cm.

$$Q_1 = 55 \, l/s$$

b) En una primera decisión, el conductor decide instalar el camión, a una distancia (d) de 15 m al edificio. Considerando que la boquilla forma un ángulo (β) de 25°, si la velocidad del chorro 30 m/s. ¿Alcanzará a sofocar el incendio en la última planta? Justificar numéricamente, la altura alcanzada por el chorro.

$$No \, alcanza, z = 5.28 \, m$$

c) Tras el fallo, el sargento ordena elevar la presión de la bomba a 10 kp/cm^2. ¿Cuál debe ser el ángulo máximo y mínimo para que el chorro alcance la última planta?

$$\beta_{min} = 61.64°; \, \beta_{max} = 87.42°$$

d) Si el depósito del camión es atmosférico, de planta rectangular, área igual a 10 m^2 y altura 3 m, para la situación dada en el apartado 3, determinar la ecuación diferencial de vaciado del depósito de variación de la altura [z(t)] en función del tiempo.

$$z = 3 - 0.00884 \, t$$

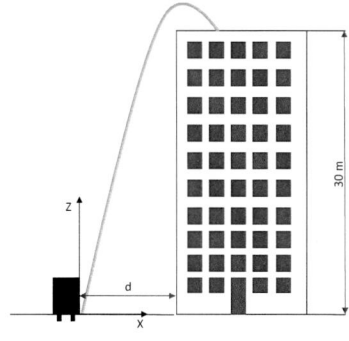

Figura A

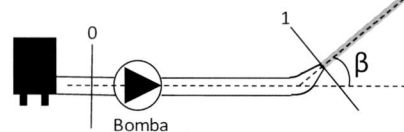

Ecuaciones tiro parabólico

$$z = V_z t - \frac{g t^2}{2}$$
$$x = V_x t$$

Figura B

Solución

Apartado a)

Realizando un balance de energía entre la sección 0 y 1

$$H_0 + H_{bomba} = H_1 + h_{r01}$$

$$H_0 + H_{bomba} = z_1 + \frac{P_1}{\gamma} + \frac{V_1^2}{2g} + h_{r01}$$

$$0 + 40 = 0 + 0 + \frac{v_1^2}{2g} + 0$$

$$V_1 = \sqrt{2g40} = 28.01 \ m/s$$

$$Q_1 = V_1 S_1 = 28.01 \frac{\pi 0.05^2}{4} = 0.055 \frac{m^3}{s} = 55 \ l/s$$

Apartado b)

$$V_1 = 28.01 \ m/s$$

$$\varphi_1 = 25°$$

$$z = V \ sen\varphi t - \frac{gt^2}{2}$$

$$x = V \ cos\varphi t$$

Sabiendo que $x = 15 \ m$, conocido V_1 y φ_1, $t = 0.591 \ s$

Conocido t,

$$z = 28.01 \ sen25 \ 0.591 - \frac{9.81 \ 0.591^2}{2} = 5.28 \ m$$

Apartado c)

Realizando un balance de energía entre la sección 0 y 1

$$0 + 103.3 = \frac{V_1^2}{2g} + 0$$

$$V_1 = \sqrt{2g103.3} = 45.02 \ m/s$$

$$z = V \ sen\varphi t - \frac{gt^2}{2}$$

$$t = \frac{x}{v \ cos\varphi}$$

$$tan\beta - \frac{gx}{2v^2} \frac{1}{cos^2 \beta} = \frac{z}{x}$$

Como

$$\sec^2 \beta - 1 = \tan^2 \beta$$

Aplicando a los datos del problema

$$2 + 0.03663 \sec^2 \beta = tan\beta$$

$$0.03663 \, (t^2 + 1) - t + 2 = 0$$

$$t_1 = 2.4314s \; ; \; t_2 = 22.868 \; s$$

$$t^2 + 1 = \frac{1}{\cos^2 \beta}$$

$$cos\beta = \sqrt{1/(t^2 + 1)}$$

$$\beta_{min} = 61.64°$$

$$\beta_{max} = 87.42°$$

Apartado d)

Se conoce que el área del depósito es de 10 m^2 y que la altura inicial es de 3 m (z_0). El caudal de salida viene definido por:

$$Q_s = V_1 S_1 = 45.02 \frac{\pi 0.05^2}{4} = 0.0884 \frac{m^3}{s}$$

La ecuación de conservación de masa para un depósito atmosférico viene definida por la expresión:

$$A \int_{z=3}^{z} dz = (Q_{ent} - Q_{sal}) \int_{t=0}^{t} dt$$

$$10(z - 3) = -0.0884 \, t$$

$$z = 3 - 0.00884 \; tm$$

Problema 5

Se cuenta con un conducto de sección variable como el mostrado en la figura. Por éste circula un fluido incompresible de densidad relativa igual a 1.2. El diámetro en la sección A es de 0.3 m y en la sección B es de 0.15 m. Hay un piezómetro de mercurio de densidad relativa 13.6 que conecta ambas secciones.

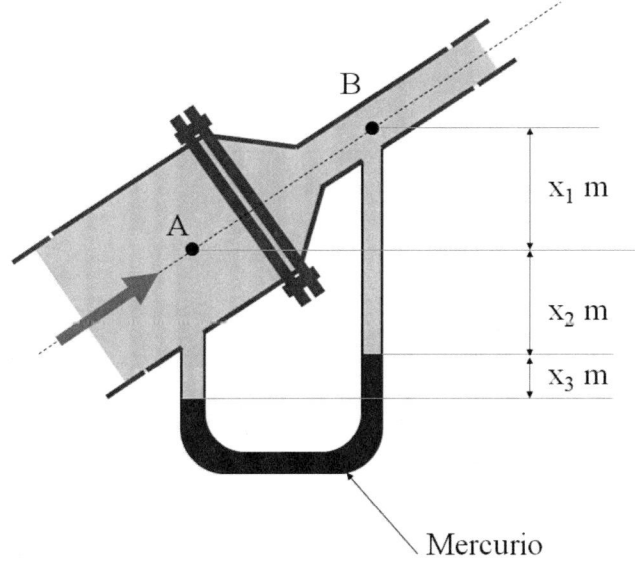

Calcula el caudal que circulará por el conducto sabiendo que $x_1 = 0.6$m, $x_2 = 0.4$m y $x_3 = 0.2$m, (considerar que no hay pérdidas de carga).

$$Q = 0.116 \ m^3/s$$

Solución

Realizando un balance de energía entre la sección 0 y 1

Para calcular el caudal que circula por el conducto, planteamos la ecuación de Bernoulli entre el punto A y el punto B, sabiendo que no hay pérdidas de carga:

$$\frac{P_A}{\gamma} + z_A + \frac{V_A^2}{2g} = \frac{P_B}{\gamma} + z_B + \frac{V_B^2}{2g}$$

Con ayuda del piezómetro podemos determinar la diferencia de presiones entre A y B, por tanto:

$$\frac{P_A}{\gamma} - \frac{P_B}{\gamma} = \left(\frac{V_B^2}{2g} - \frac{V_A^2}{2g}\right) + (z_B - z_A)$$

63

Sabiendo que el caudal que circule por A y B será el mismo, por la ecuación de continuidad y que Q=v·A:

$$\frac{P_A}{\gamma} - \frac{P_B}{\gamma} = \left(\frac{\left(\frac{Q}{A_B}\right)^2}{2g} - \frac{\left(\frac{Q}{A_A}\right)^2}{2g} \right) + (z_B - z_A)$$

$$\frac{P_A}{\gamma} - \frac{P_B}{\gamma} = \frac{Q^2}{2g}\left(\frac{1}{A_B^2} - \frac{1}{A_A^2} \right) + (z_B - z_A)$$

Determinamos ahora con ayuda del piezómetro la diferencia de presiones entre A y B.

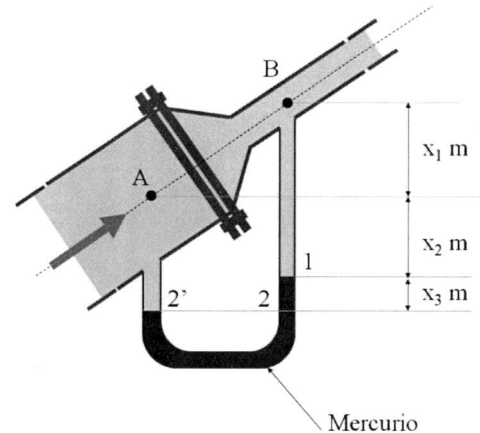

$$P_2 = P_B + \gamma_f \cdot (x_1 + x_2) + \gamma_{Hg} \cdot x_3$$

La presión en 2 y en 2' será la misma:

$$P_{2'} = P_A + \gamma_f \cdot (x_2 + x_3)$$

Igualamos ambas expresiones:

$$P_{2'} = P_2$$

$$P_A + \gamma_f \cdot (x_2 + x_3)$$
$$= P_B + \gamma_f \cdot (x_1 + x_2)$$
$$+ \gamma_{Hg} \cdot x_3$$

$$P_A - P_B = \left(\gamma_f \cdot (x_1 + x_2) + \gamma_{Hg} \cdot x_3 \right) - \gamma_f \cdot (x_2 + x_3)$$

$$P_A - P_B = \gamma_f \cdot x_1 + \gamma_f \cdot x_2 + \gamma_{Hg} \cdot x_3 - \gamma_f \cdot x_2 - \gamma_f \cdot x_3$$

$$P_A - P_B = \gamma_f \cdot x_1 + \gamma_{Hg} \cdot x_3 - \gamma_f \cdot x_3 = \gamma_f(x_1 - x_3) + \gamma_{Hg} \cdot x_3$$

Como nos interesa la diferencia de presiones en B y A expresado en metros de columna de fluidos:

$$\frac{P_A}{\gamma_f} - \frac{P_B}{\gamma_f} = (x_1 - x_3) + \frac{\gamma_{Hg}}{\gamma_f} \cdot x_3$$

La diferencia de presiones entre B y A, será, para los datos numéricos concretos:

$$\frac{P_A}{\gamma_f} - \frac{P_B}{\gamma_f} = (0.6 - 0.2) + \frac{13.6 \cdot 9810}{1.2 \cdot 9810} \cdot 0.2 = 2.67 mcf$$

Sustituimos en la ecuación de Bernoulli:

$$\frac{P_A}{\gamma} - \frac{P_B}{\gamma} = \frac{Q^2}{2g}\left(\frac{1}{A_B^2} - \frac{1}{A_A^2}\right) + (z_B - z_A)$$

$$\frac{P_A}{\gamma} - \frac{P_B}{\gamma} = \frac{Q^2}{2g}\left(\frac{1}{\left(\frac{\pi D_B^2}{4}\right)^2} - \frac{1}{\left(\frac{\pi D_A^2}{4}\right)^2}\right) + (z_B - z_A)$$

Siendo $(z_B - z_A)$ el valor de x_1:

$$2.67 = \frac{Q^2}{2g}\left(\frac{1}{\left(\frac{\pi 0.3^2}{4}\right)^2} - \frac{1}{\left(\frac{\pi 0.2^2}{4}\right)^2}\right) + 0.6$$

Despejamos el valor del caudal:

$$Q = 0.116 \, m^3/s$$

Capítulo 5
Análisis dinámica integral. Ecuación conservación cantidad de movimiento

5.1 Resultados de aprendizaje

Definidas las ecuaciones de conservación de masa y Bernoulli, se define la ecuación de conservación de cantidad de movimiento a través del Teorema de Arrastre de Reynolds (TAR). Su dominio y aplicación conceptual permite abordar infinidad de problemas complejos que se presentan en la vida cotidiana a través de la mecánica de los fluidos, como reacciones en codos, esfuerzos de impulsión y proyección, reacciones de mecanismos propulsados, entre otros.

Los resultados de aprendizaje son:

- Enumerar la ecuación de conservación de cantidad de movimiento a partir del TAR

- Aplicar la ecuación de conservación de cantidad de movimiento a casos de estudio

5.2 Objetos de aprendizaje de ayuda para la adquisición de los resultados de aprendizaje

A continuación, se adjuntan los objetos de aprendizaje que pueden ser de utilidad para alcanzar los resultados de aprendizaje establecidos en el apartado anterior.

POLIMEDIA	LINK	CÓDIGO QR
Análisis dinámica integral. Ecuación conservación de cantidad de movimiento	http://hdl.handle.net/10251/160633	

5.3 Problemas

Problema 1

La figura muestra las bridas 1 y 2 instaladas en el inyector de una turbina Pelton. Sabiendo que el desnivel entre el eje de la tobera (3) y el eje de la brida 1 son 5 m y que la energía total del fluido en la sección 1 es de 285 mca, se pide determinar:

a) Caudal a la salida de la tobera (3) [descarga a presión atmosférica]

$$Q = 5239 l/s$$

b) Fuerza (modulo y dirección) que soportan los tornillos de la brida 1

$$\overrightarrow{F_{anc}} = 7222145.3(-\vec{\imath}) + 4393895.093\,(-\vec{\jmath})\ N$$

c) Fuerza (modulo y dirección) que soportan los tornillos de la brida 2

$$\overrightarrow{F_{anc}} = 1786452.91\,(-\vec{\imath})\ N$$

DATOS: D_1= 2 m; D_2 = 1 m; D_3 = 0.3 m

Notas:

El ángulo formado por el codo del inyector es de α=30°.

Para el cálculo de la fuerza no considerar la fuerza de la gravedad de la tobera y del líquido que hay dentro.

No existen pérdidas de carga

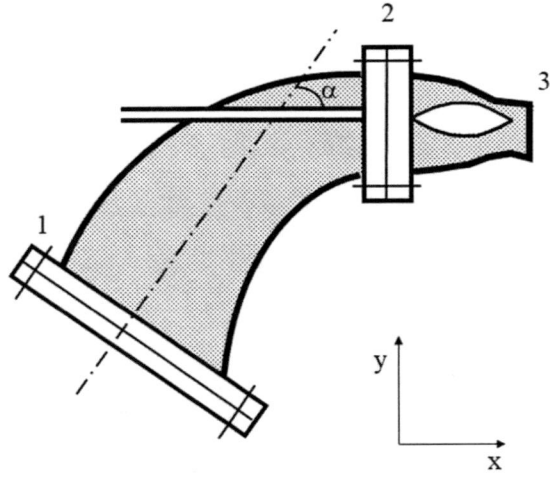

Solución

Apartado a)

Para determinar el caudal que sale por la tobera, aplicamos Bernoulli entre el punto 1 (de altura total conocida, 285m) y el punto 3. Sabiendo que no existen pérdidas de carga.

Bernoulli 1-3

$$\frac{P_1}{\gamma} + z_1 + \frac{V_1^2}{2g} = \frac{P_3}{\gamma} + z_3 + \frac{V_3^2}{2g}$$

La energía total (suma de la energía elástica, la potencial y la cinética, los tres términos de la ecuación de Bernoulli) es 285m. La presión en 3 es cero, porque descarga a la atmósfera. Y la diferencia de cotas entre 1 y 3 son 5 metros, por lo que suponiendo la sección 1 a cota cero, la cota de 3, es 5m. Sustituyendo:

$$285 = 5 + \frac{V_3^2}{2g} \rightarrow V_3 = 74.118 m/s$$

Conocida la sección en 3:

$$Q = A_3 \cdot V_3 = 74.118 \cdot \frac{\pi \cdot 0.3^2}{4} = 5.239 \; m^3/s = 5239 l/s$$

Apartado b)

Partimos de la expresión de la conservación de la cantidad de movimiento, para sistemas inerciales (la pieza no se mueve por tanto VC fijo), y régimen permanente, con propiedades uniformes en las superficies de control:

$$\sum \overrightarrow{F_{ext}} = \sum_{salidas} \rho Q \vec{V} - \sum_{entradas} \rho Q \vec{V}$$

Definimos el volumen de control y por tanto las superficies de control (entradas y salidas). Siendo la entrada al volumen de control el punto 1 y la salida el punto 3.

Identificamos las fuerzas externas que actúan sobre el volumen de control. Tendremos fuerza de presión sólo en la entrada (punto 1), dirección perpendicular a la superficie de control y sentido hacia el volumen de control. En la salida, punto 3, no hay fuerzas de presión porque al ser descarga a la atmósfera la presión es cero. La fuerza de anclaje es lo que debemos calcular para la pieza no se mueva. Se indica que se desprecie la fuerza peso.

Calculamos los vectores de las velocidades tanto en la entrada como en la salida. La velocidad en 1, la podemos conocer a partir el caudal:

$$V_1 = \frac{Q}{A_1} = \frac{5.239}{\frac{\pi \cdot 2^2}{4}} = 1.668 \; m/s$$

$$\vec{V_1} = V_1 cos\alpha(\vec{\imath}) + V_1 sen\alpha(\vec{\jmath}) = 1.668 \cdot cos30(\vec{\imath}) + 1.668 \cdot sen30(\vec{\jmath})$$

En la salida la velocidad sólo tiene componente en el eje x:

$$\vec{V_3} = V_3(\vec{\imath}) = 74.118(\vec{\imath})$$

Con todo esto, la expresión anterior queda:

$$FP_1 \cos \alpha \, (\vec{\imath}) + FP_1 sen \, \alpha(\vec{\jmath}) + F_{anc.x}(\vec{\imath}) + F_{anc.y}(\vec{\jmath})$$
$$= \rho Q \left(V_3(\vec{\imath}) - \left(V_1 cos\alpha(\vec{\imath}) + V_1 sen\alpha(\vec{\jmath}) \right) \right)$$

La presión en 1, será:

$$\frac{P_1}{\gamma} + z_1 + \frac{V_1^2}{2g} = 285 = \frac{P_1}{\gamma} + \frac{1.668^2}{2g} \rightarrow \frac{P_1}{\gamma} = 284.858 mca$$

$$P_1 = 284.858 \cdot 9810 = 2794458.89 Pa$$

Resolvemos en cada uno de los ejes:

Eje x·

$$FP_1 cos\alpha \, (\vec{\imath}) + F_{anc.x}(\vec{\imath}) = \rho Q \big(V_3(\vec{\imath}) - V_1 cos\alpha(\vec{\imath}) \big)$$

$$2794458.89 \cdot \frac{\pi \cdot 2^2}{4} cos30 + F_{anc.x} = 1000 \cdot 5.239 \cdot (74.118 - 1.668 \, cos30)$$

$$F_{anc.x} = -7222145.3 N \, (en \, sentido \, negativo \, del \, eje \, x)$$

Eje y:

$$FP_1 sen \, 30 + F_{anc.y} = \rho Q(-V_1 sen \, \alpha)$$

$$2794458.89 \cdot \frac{\pi \cdot 2^2}{4} sen30 + F_{anc.y} = 1000 \cdot 5.239 \cdot (-1.668 \, sen30)$$

$$F_{anc.y} = -4393895.093 N \, (en \, sentido \, negativo \, del \, eje \, y)$$

$$\overrightarrow{F_{anc}} = 7222145.3(-\vec{\imath}) + 4393895.093 \, (-\vec{\jmath}) \, N$$

Apartado c)

Ahora el volumen de control está determinado por la entrada (punto 2) y la salida (punto 3). Debemos en primer lugar, conocer tanto la presión como la velocidad en 2. La velocidad en 2, a partir del valor del caudal:

$$V_2 = \frac{Q}{A_2} = \frac{5.239}{\frac{\pi \cdot 1^2}{4}} = 6.67 \, m/s$$

Para conocer la presión en 2, aplicamos Bernoulli entre 1 y 2 (o entre 2 y 3), sabiendo que $z_2 = z_3$

$$\frac{P_1}{\gamma} + z_1 + \frac{V_1^2}{2g} = \frac{P_2}{\gamma} + z_2 + \frac{V_2^2}{2g}$$

$$285 = \frac{P_2}{\gamma} + 5 + \frac{6.67^2}{2g} \rightarrow \frac{P_2}{\gamma} = 277.73m$$

Verificamos aplicando Bernoulli entre 2 y 3:

$$\frac{P_2}{\gamma} + z_2 + \frac{V_2^2}{2g} = \frac{P_3}{\gamma} + z_3 + \frac{V_3^2}{2g}$$

$$\frac{P_2}{\gamma} + 5 + \frac{6.67^2}{2g} = 5 + \frac{74.118^2}{2g} \rightarrow \frac{P_2}{\gamma} = 277.73m$$

$$P_2 = 277.73 \cdot 9810 = 2724494.51Pa$$

De nuevo la expresión de la conservación de la cantidad de movimiento:

$$\sum \overrightarrow{F_{ext}} = \sum_{salidas} \rho Q \vec{V} - \sum_{entradas} \rho Q \vec{V}$$

Y de nuevo, teniendo en cuenta que habrá fuerzas de presión a la entrada del VC (punto 2) pero no a la salida, y que sólo hay fuerzas y velocidades en el eje x, la expresión anterior quedaría:

$$FP_2(\vec{\imath}) + F_{anc.x}(\vec{\imath}) = \rho Q(V_3(\vec{\imath}) - V_2(\vec{\imath}))$$

Sustituyendo valores:

$$2724494.51 \cdot \frac{\pi \cdot 1^2}{4} + F_{anc.x} = 1000 \cdot 5.239 \cdot (74.118 - 6.67)$$

$$F_{anc.x} = -1786452.91N \ (en \ sentido \ negativo \ del \ eje \ x)$$

$$\overrightarrow{F_{anc}} = 1786452.91 \ (-\vec{\imath}) \ N$$

Problema 2

En la figura se muestra un cono reductor, colocado en un conducto cerrado.

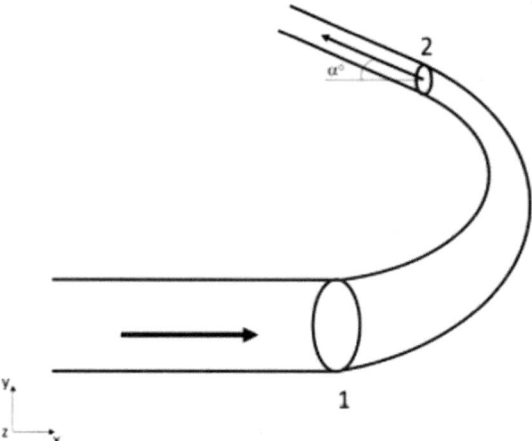

El diámetro en 1 es 101 mm, el diámetro en 2 es 39 mm y α es igual a 30 . El fluido circulante es aceite de densidad relativa 0.9. La diferencia de presión medida entre la entrada (punto 1) y la salida (punto 2) del codo es de 2670 Pascales. Considerando el fluido como ideal, se pide:

a) Caudal circulante (l/s)

$$Q = 2.94 \, l/s$$

Si se instala un manómetro en la salida (punto 2) éste ofrece una lectura de 13060 Pascales. Teniendo en cuenta que la diferencia de presiones entre la entrada y la salida es la misma que se ha comentado anteriormente:

b) Calcular la fuerza de anclaje necesaria para que el codo no se mueva. El resultado tiene carácter vectorial, por tanto, el sentido erróneo de la fuerza se considerará como fallo.

$$\overrightarrow{F_{anc}} = -146.16\vec{\imath} + 11.06\vec{\jmath} \text{ N}$$

Notas: la figura se encuentra en el plano horizontal

Solución

Apartado a)

Aplicamos Bernoulli entre el punto 1 y el punto 2.

Bernoulli 1-2

$$\frac{P_1}{\gamma} + z_1 + \frac{V_1^2}{2g} + h_b = \frac{P_2}{\gamma} + z_2 + \frac{V_2^2}{2g} + h_f$$

No existe bomba, $h_b=0$. Nos indican que se trata de un fluido ideal lo que implica que no hay pérdidas por fricción $h_f=0$. La pieza está apoyada en un plano horizontal por lo que las cotas en todas las piezas son las mismas ($z_1=z_2$). Y se conoce la diferencia de presión entre el punto 1 y el punto 2 ($P_1 - P_2 = 2670$ Pa). Con todo esto la expresión anterior queda:

$$\frac{P_1}{\gamma} - \frac{P_2}{\gamma} = \frac{V_2^2}{2g} - \frac{V_1^2}{2g} \rightarrow \frac{P_1 - P_2}{\gamma} = \frac{V_2^2 - V_1^2}{2g}$$

Como conocemos las secciones en 1 y 2, podemos poner la velocidad en función del caudal:

$$\frac{P_1 - P_2}{\gamma} = \frac{\left(\frac{Q}{A_2}\right)^2 - \left(\frac{Q}{A_1}\right)^2}{2g}$$

Despejamos el valor del caudal:

$$Q = \sqrt{\frac{(P_1 - P_2)2g}{\gamma} \cdot \frac{1}{\frac{1}{A_2^2} - \frac{1}{A_1^2}}}$$

Sustituimos por los valores concretos que nos ofrece el enunciado:

$$Q = \sqrt{\frac{2670 \cdot 2g}{0.9 \cdot 9810} \cdot \frac{1}{\frac{1}{A_2^2} - \frac{1}{A_1^2}}} = 2.94 \; l/s$$

Apartado b)

Partimos de la expresión de la conservación de la cantidad de movimiento, para sistemas inerciales (la pieza no se mueve por tanto VC fijo), y régimen permanente, con propiedades uniformes en las superficies de control:

$$\sum \overrightarrow{F_{ext}} = \sum_{salidas} \rho Q \vec{V} - \sum_{entradas} \rho Q \vec{V}$$

Definimos el volumen de control y por tanto las superficies de control (entradas y salidas). Siendo la entrada al volumen de control el punto 1 y la salida el punto 2.

Identificamos las fuerzas externas que actúan sobre el volumen de control. Tendremos fuerza de presión tanto en 1 como en 2 (dirección perpendicular a la superficie de control y sentido hacia el volumen de control). La fuerza de anclaje es lo que debemos calcular para que el codo no se mueva. La fuerza peso no actúa en el sentido del flujo, puesto que la pieza se encuentra en un plano horizontal.

Con todo esto, la expresión anterior queda:

$$FP_1(\vec{\imath}) + FP_{2x}(\vec{\imath}) + FP_{2Y}(-\vec{\jmath}) + F_{anc.x}(\vec{\imath}) + F_{anc.y}(\vec{\jmath})$$
$$= \rho Q_2 V_{2x}(-\vec{\imath}) + \rho Q_2 V_{2Y}(\vec{\jmath}) - \rho Q_1 V_1(\vec{\imath})$$

Resolvemos en cada uno de los ejes:

Eje x:

$$FP_1(\vec{\imath}) + FP_{2x}(\vec{\imath}) + F_{anc.x}(\vec{\imath}) = \rho Q_2 V_{2x}(-\vec{\imath}) - \rho Q_1 V_1(\vec{\imath})$$

$$P_1 \cdot A_1 + P_2 \cdot A_2 \cos \alpha \; + F_{anc.x} = \rho Q(-V_2 \cos \alpha - V_1)$$

Sustituimos valores sabiendo que P1 es P2 + 2670 Pascales:

$$F_{anc.x}(\vec{\imath}) = -146.16 \, N \, \vec{\imath}$$

Eje y:

$$FP_{2Y}(-\vec{\jmath}) + F_{anc.y}(\vec{\jmath}) = \rho Q_2 V_{2Y}(\vec{\jmath})$$

$$-P_2 \cdot A_2 \, sen \, \alpha \; + F_{anc.y} = \rho Q V_2 \, sen \, \alpha$$

De nuevo, sustituimos valores conocida la presión en 2:

$$F_{anc.y}(\vec{\jmath}) = 11.06 \, N \, \vec{\jmath}$$

Por tanto:

$$\overrightarrow{F_{anc}} = -146.16\vec{\imath} + 11.06\vec{\jmath} \; N$$

Problema 3

La pieza especial que se muestra en el esquema consta de dos boquillas, ambas de diámetro 22 mm, que descargan a la atmósfera cada una un caudal de 9 l/s. Esta pieza está unida en A a una tubería hierro galvanizado de 125 mm. de diámetro. El fluido que circula por la pieza es aceite de densidad relativa 0.85. La boquilla 1 forma un ángulo α igual a 60° con la horizontal.

Tanto la tubería principal como la pieza especial se encuentran apoyadas en un plano horizontal. Se pide, despreciando las pérdidas de fricción en la pieza especial:

a) Presión en A (Pa).

$$P_A = 237319.5 \, Pa$$

b) Esfuerzos (Fuerzas F_X, F_Y) que se producen en la unión

$$\overrightarrow{F_{anc}} = -3206.47\vec{\imath} + 156.85\vec{\jmath} \, N$$

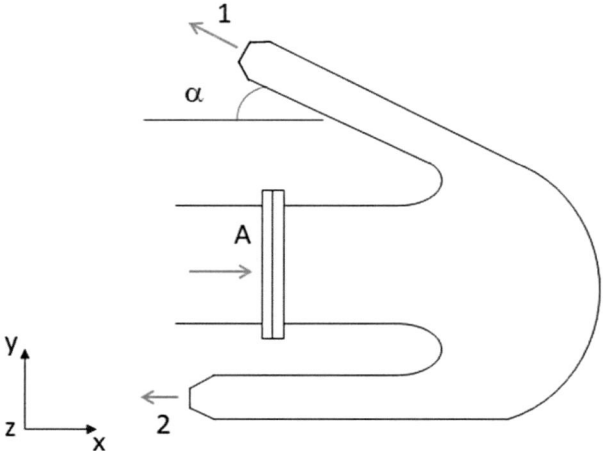

Solución

Apartado a)

Aplicamos Bernoulli entre el punto A y una de las boquillas.

Bernoulli A-1

$$\frac{P_A}{\gamma} + z_A + \frac{V_A^2}{2g} + h_b = \frac{P_1}{\gamma} + z_1 + \frac{V_1^2}{2g} + h_f$$

No existe bomba, $h_b=0$. Nos indican que se desprecian las pérdidas por fricción $h_f=0$. La pieza está apoyada en un plano horizontal por lo que las cotas en todas las piezas son las mismas ($z_A=z_1$). Y la presión en 1 (en el exterior de la boquilla justo , es presión atmosférica por lo que presión relativa en 1 igual a cero). Con todo esto la expresión anterior queda:

$$\frac{P_A}{\gamma} + \frac{V_A^2}{2g} = \frac{V_1^2}{2g} \rightarrow \frac{P_A}{\gamma} = \frac{V_1^2}{2g} - \frac{V_A^2}{2g}$$

Como conocemos el caudal en A y en 1, y los diámetros de ambas secciones, podemos calcular la velocidad en ambos puntos:

$$V_1 = \frac{Q_1}{A_1} = \frac{Q_1}{\dfrac{\pi \cdot D_1^{\,2}}{4}} = \frac{0.009}{\dfrac{\pi \cdot 0.022^2}{4}} = 23.68 m/s$$

$$V_A = \frac{Q_A}{A_A} = \frac{Q_A}{\dfrac{\pi \cdot D_A^{\,2}}{4}} = \frac{0.009 + 0.009}{\dfrac{\pi \cdot 0.125^2}{4}} = 1.47 m/s$$

Por tanto:

$$\frac{P_A}{\gamma} = \frac{V_1^2}{2g} - \frac{V_A^2}{2g} = \frac{23.67^2}{2g} - \frac{1.4667^2}{2g} = 28.46 \, mcf$$

Que teniendo en cuenta el peso específico del fluido con el que estamos trabajando:

$$\frac{P_A}{\gamma} = 28.46 \, mcf \rightarrow P_A = 28.46 \cdot 0.85 \cdot 1000 \cdot 9.81 = 237319.5 \, Pa$$

Apartado b)

Partimos de la expresión de la conservación de la cantidad de movimiento, para sistemas inerciales (la pieza no se mueve por tanto VC fijo), y régimen permanente, con propiedades uniformes en las superficies de control:

$$\sum \overrightarrow{F_{ext}} = \sum_{salidas} \rho Q \vec{V} - \sum_{entradas} \rho Q \vec{V}$$

Definimos el volumen de control y por tanto las superficies de control (entradas y salidas). Siendo la entrada al volumen de control el punto A, y las salidas las boquillas (punto 1 y 2).

Identificamos las fuerzas externas que actúan sobre el volumen de control. Tendremos fuerza de presión sólo en A (dirección en el eje Y, sentido negativo del eje (hacia el volumen de control)), no tenemos fuerzas de presión en 1 ni en 2, puesto que en estos puntos la presión relativa es cero, y por tanto la fuerza de presión también lo es. La fuerza de anclaje es lo que debemos calcular para que la pieza no se mueva. La fuerza peso no actúa en el sentido del flujo, puesto que la pieza se encuentra en un plano horizontal.

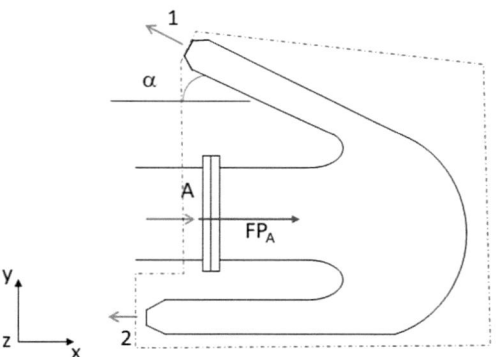

Los vectores velocidad en la entrada y cada una de las salidas será:

$$\vec{V}_A = V_A(+\vec{\imath})$$

$$\vec{V}_1 = V_1 cos\alpha(-\vec{\imath}) + V_1 sen\alpha(+\vec{\jmath})$$

$$\vec{V}_2 = V_2(-\vec{\imath})$$

Con todo esto, la expresión anterior queda:

$$FP_A(+i) + F_{anc.x}(\vec{\imath}) + F_{anc.y}(\vec{\jmath})$$
$$= \rho Q_1(V_1 cos\alpha(-\vec{\imath}) + V_1 sen\alpha(+\vec{\jmath})) + \rho Q_2 V_2(-\vec{\imath}) - \rho Q_A V_A(+\vec{\imath})$$

Resolvemos en cada uno de los ejes:

Eje x:

$$FP_A(+i) + F_{anc.x}(\vec{\imath}) = \rho Q_1 V_1 cos\alpha(-\vec{\imath}) + \rho Q_2 V_2(-\vec{\imath}) - \rho Q_A V_A(+\vec{\imath})$$

como $V_1 = V_2$

$$FP_A + F_{anc.x}(\vec{\imath}) = \rho Q_1 V_1(-cos\alpha - 1) - \rho Q_A V_A$$

$$F_{anc.x}(\vec{\imath}) = \rho Q_1 V_1(-cos\alpha - 1) - \rho Q_A V_A - FP_A$$

$$F_{anc.x}(\vec{\imath}) = 0.85 \cdot 1000 \cdot 0.009 \cdot 23.68(-cos60 - 1) - 0.85 \cdot 1000 \cdot 0.018 \cdot 1.47$$
$$- 237319.5 \cdot \frac{\pi \cdot 0.125^2}{4} = -3206.47N$$

Eje y:

$$F_{anc.y}(\vec{\jmath}) = \rho Q_1 V_1 sen\alpha(+\vec{\jmath})$$

$$F_{anc.y}(\vec{\jmath}) = 0.85 \cdot 1000 \cdot 0.009 \cdot 23.68\, sen60 = 156.85N$$

Por tanto:

$$\overrightarrow{F_{anc}} = -3206.47\vec{\imath} + 156.85\vec{\jmath}\ N$$

Problema 4

Un depósito con agua tiene acoplado un conjunto de bomba y álabe (tal como muestra la figura). La masa del depósito en vacío son 60 kg, la masa del conjunto bomba y álabe son 10 kg e inicialmente se llena con 400 litros de agua.

El coeficiente de rozamiento entre el depósito y el suelo es de μ = 0,02. Se pide determinar:

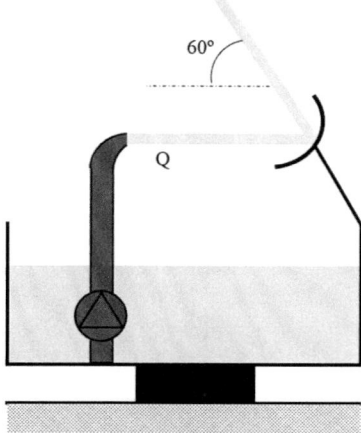

a) El valor de la fuerza F_A necesaria para impedir que el álabe sea desplazado, en horizontal, por efecto del chorro de agua, para unas condiciones iniciales del chorro de Q_o=10 l/s y V_o=15 m/s. Considera en este caso que no existe ningún tipo de fuerza adicional (no existe rozamiento, ni peso). (Considerar el volumen de control, sólo el chorro y el álabe, sin depósito)

$$\vec{F_A} = -225\,\vec{\imath}\ N$$

b) Considerando que existe fuerza de rozamiento entre el depósito y el suelo, ¿cuál debe ser el valor del caudal de salida de la bomba para que el depósito comience a moverse?

$$Q_{salida} = 11.28\ l/s$$

c) En ese caso, se pide calcular qué aceleración tendrá el depósito en el momento en que se termine el agua contenida en el mismo.

$$a = 1.12\ m/s^2$$

Notas:

Despreciar el rozamiento del agua con el álabe.

Despreciar el movimiento del agua en el interior de cualquier volumen de control que se tome.

Solución

Apartado a)

Empezamos definiendo el VC y los ejes. Nuestro VC sólo será el chorro y el álabe, porque se indica que, para este primer caso, no existe ningún tipo de fuerza de rozamiento ni peso, por tanto, la fuerza que debe aplicarse horizontal para mantener quieto el álabe sólo será debida a la fuerza del chorro al incidir contra el álabe.

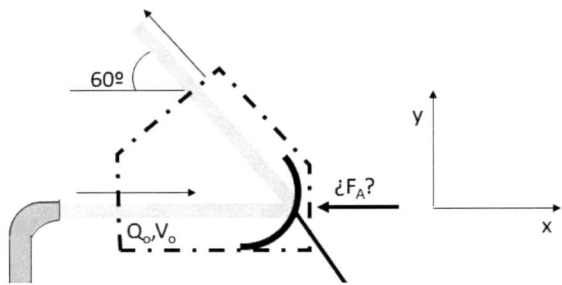

Las fuerzas externas sólo son debidas al chorro, por lo que la única fuerza a considerar para el VC definido sería la fuerza F_A que nos piden y que se impone al movimiento del álabe.

Por tanto, a partir de la ecuación de conservación de la cantidad de movimiento:

$$\sum \overrightarrow{F_{ext}} = \frac{d}{dt} \int_{VC} \overrightarrow{V_r} \rho dV + \int_{SC} \overrightarrow{V_r} \, \rho \left(\overrightarrow{V_{r,sc}} \cdot \overrightarrow{dA} \right)$$

Teniendo en cuenta que se desprecia el movimiento del agua por en el interior del VC (se anula el término local) y que sólo existe una superficie de entrada (subíndice 1) y otra de salida (subíndice 2):

$$\overrightarrow{F_A} = \rho_2 \cdot Q_2 \cdot \overrightarrow{V_2} - \rho_1 \cdot Q_1 \cdot \overrightarrow{V_1}$$

Siendo la velocidad de entrada $\overrightarrow{V_1} = V_0\vec{\imath} = 15\vec{\imath} \, m/s$

Y la velocidad de salida de valor igual a la de entrada pues aplicando Bernoulli a la línea de corriente:

$$\frac{P_1}{\gamma} + z_1 + \frac{V_1^2}{2g} = \frac{P_2}{\gamma} + z_2 + \frac{V_2^2}{2g}$$

Como $P_1 = P_2 = 0$ (presión atmosférica) y $z_1 = z_2$, pues se desprecia la diferencia de cotas entre la entrada y la salida, $V_1 = V_2$.

Por tanto, la velocidad a la salida:

$$\overrightarrow{V_2} = V_0 \cos \alpha \, (-\vec{\imath}) + V_0 \, sen \, \alpha \, (\vec{\jmath}) = -15 \cos 60 \, \vec{\imath} + 15 \, sen \, 60 \, \vec{\jmath} \, m/s$$

Analizando lo que ocurre en el eje x (dirección de la fuerza), y teniendo en cuenta por la ecuación de continuidad que $Q_1=Q_2$, y que se trata de un flujo incompresible y por tanto la densidad también es la misma:

$$F_{Ax} = \rho Q \ (V_{2x} - V_{1x}) = \rho Q \ (-V_0 \cos \alpha - V_0) = -\rho Q V_0 (cos\alpha + 1)$$

Sustituyendo por los valores correspondientes:

$$F_A = -1000 \cdot 10 \cdot 10^{-3} \cdot 15(cos60 - 1) = 225N$$

Por tanto, la fuerza a aplicar para mantener el álabe quieto es de -225 $\vec{\imath}$ N. Lógicamente, en el sentido negativo del eje x (oponiéndose el movimiento del chorro).

Apartado b)

El primer paso es definir el volumen de control a considerar, dibujar los ejes, y las posibles fuerzas que actúan sobre el volumen de control:

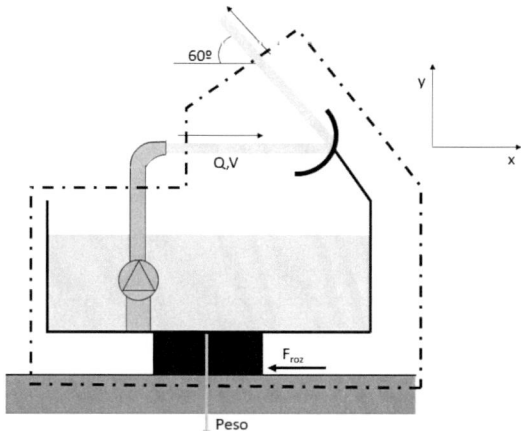

Aplicando de nuevo la ecuación de la conservación de la cantidad de movimiento:

$$\sum \overrightarrow{F_{ext}} = \frac{d}{dt} \int_{VC} \vec{V_r} \rho dV + \int_{SC} \vec{V_r}\, \rho \left(\overrightarrow{V_{r,sc}} \cdot \overrightarrow{dA} \right)$$

Y de nuevo, teniendo en cuenta que no existe variación de velocidad dentro del VC con el tiempo y que para el volumen de control elegido sólo existe una superficie de salida (no existe superficie de entrada):

$$\overrightarrow{F_{roz}} + \overrightarrow{peso} + \vec{N} = \rho_2 \cdot Q_2 \cdot \vec{V_2}$$

En el instante en que comience el movimiento, se supone que el VC está quieto, y por tanto en ese mismo instante la velocidad de VC es cero, y de nuevo $V_1 = V_2$. A partir de ese instante justo, será cuando se inicie el movimiento.

En este caso, se desconoce el caudal y la velocidad de salida del VC (que será el caudal que impulsa la bomba), pero se puede suponer que la sección del chorro a la salida de la bomba no cambia con respecto al apartado anterior, pues la sección de la boquilla en la salida de la tubería de impulsión de la bomba es la misma. De nuevo $V_b = V_2$ y $Q_b = Q_2$.

$$F_{roz}(-\vec{\imath}) + P(-\vec{\jmath}) + N(\vec{\jmath}) = \rho Q \left((V \cos \alpha \, (-\vec{\imath}) + V \operatorname{sen} \alpha \, (\vec{\jmath}) \right)$$

Analizando primero el eje y:

$$-P + N = \rho Q \, V \operatorname{sen} \alpha = \rho Q \frac{Q}{A_o} \operatorname{sen} \alpha = \rho \frac{Q^2}{A_o} \operatorname{sen} \alpha$$

Todas las masas a considerar en el instante inicial, antes de que empiece a moverse y suponiendo que en ese instante la masa de agua dentro del depósito es la inicial, sería:

$$m_{total_o} = m_{dep} + m_{agua_o} + m_{conj} = 60 + 400 + 10 = 470 \, kg$$

$$N = \rho \frac{Q^2}{A_o} \operatorname{sen} \alpha + m_{total_o} \cdot g$$

Numéricamente: A_o, del apartado anterior: $A_o = \dfrac{Q_o}{V_o} = \dfrac{10 \cdot 10^{-3}}{15} = 6.67 \cdot 10^{-4} m^2$

$$N = 1000 \frac{Q^2}{A_o} \operatorname{sen} 60 + 470 \cdot 9.81$$

Analizando el eje x:

$$F_{roz} = -\mu N = \rho Q(-V \cos \alpha) = -\rho Q V \cos \alpha = -\rho \frac{Q^2}{A_o} \cos \alpha$$

$$-\mu N = -\mu \left(\rho \frac{Q^2}{A_o} \operatorname{sen} \alpha + m_{total_o} \cdot g \right) = -\rho \frac{Q^2}{A_o} \cos \alpha$$

$$\mu \cdot m_{total_o} \cdot g = \rho \frac{Q^2}{A_o} \left[(\cos\alpha) - \mu \cdot \operatorname{sen}\alpha \right]$$

Por tanto:

$$Q^2 = \frac{A_o \cdot \mu \cdot m_{total_o} \cdot g}{\rho \cdot \left[(\cos\alpha) - \mu \cdot \operatorname{sen}\alpha \right]}$$

Numéricamente:

$$Q = \sqrt{\frac{6.67 \cdot 10^{-4} \cdot 0.02 \cdot 470 \cdot 9.81}{1000 \cdot \left[(\cos 60) - 0.02 \cdot \operatorname{sen} 60 \right]}} = 0.01128 \, m^3/s$$

Por tanto, para iniciar el movimiento, el caudal que debe salir de la bomba es de 11.28 l/s.

Apartado c)

Ahora el volumen de control se mueve con aceleración, por tanto, partimos de la ecuación de conservación de la cantidad de movimiento para sistema NO inerciales:

$$\sum \overrightarrow{F_{ext}} - \int_{VC} \left(\frac{d^2\vec{R}}{dt^2} + \left(\frac{d\vec{\omega}}{dt} \wedge \vec{r} \right) + (\vec{\omega} \wedge (\vec{\omega} \wedge \vec{r})) + (2\vec{\omega} \wedge \vec{V_r}) \right) \rho dV$$

$$= \frac{d}{dt} \int_{VC} \overrightarrow{V_r}\rho dV + \int_{SC} \overrightarrow{V_r}\, \rho \left(\overrightarrow{V_{r,sc}} \cdot \overrightarrow{dA} \right)$$

Todos los términos relacionados con la velocidad angular se anulan, pues no hay rotación. De nuevo el término local también se anula pues se desprecia el movimiento de la masa dentro del volumen de control.

Las fuerzas externas en la dirección del movimiento son sólo debidas a la fuerza de rozamiento:

$$\left(\overrightarrow{F_{roz}} + \overrightarrow{peso} + \vec{N} \right) - \ddot{\vec{R}}(m_{VC}) = \rho_2 \cdot Q_2 \cdot \overrightarrow{V_2} - \rho_1 \cdot Q_1 \cdot \overrightarrow{V_1}$$

Ahora la fuerza peso, que será la masa dentro del VC por la gravedad, varía con el tiempo pues según se va vaciando, la masa de agua disminuye. En este caso:

$$m_{total} = m_{dep} + m_{conj} + (m_{agua_o} - \dot{m}_{agua})$$

Donde $\dot{m}_{agua}$ es la variación de la masa del agua con el tiempo, que se corresponde con:
$\dot{m}_{agua} = \rho \cdot Q \cdot t$

Para el eje y:

$$-P + N = -[m_{dep} + m_{conj} + (m_{agua_o} - \rho Qt)]g + N = \rho \frac{Q^2}{A_o} \operatorname{sen} \alpha$$

$$N = \rho \frac{Q^2}{A_o} \operatorname{sen} \alpha + [m_{dep} + m_{conj} + (m_{agua_o} - \rho Qt)]g$$

Para el eje x:

$$-F_{roz} - \ddot{R}\, m_{VC} = -\rho \frac{Q^2}{A_o} \cos \alpha$$

$$-\mu \left(\rho \frac{Q^2}{A_o} \operatorname{sen} \alpha + [m_{dep} + m_{conj} + (m_{agua_o} - \rho Qt)]g \right) - \ddot{R}\, m_{VC} = -\rho \frac{Q^2}{A_o} \cos \alpha$$

Y el valor de la aceleración en el eje x:

$$-\ddot{R} = \frac{-\rho \frac{Q^2}{A_o} \cos\alpha + \mu\left(\rho\frac{Q^2}{A_o} \operatorname{sen}\alpha + [m_{dep}+m_{conj}+(m_{agua_o} - \rho Qt)]g\right)}{m_{dep}+m_{conj}+(m_{agua_o} - \rho Qt)}$$

$$-\ddot{R} = \frac{\rho\frac{Q^2}{A_o}[-\cos\alpha + \mu \operatorname{sen}\alpha] + \mu g(m_{dep}+m_{conj}+(m_{agua_o} - \rho Qt))}{m_{dep}+m_{conj}+(m_{agua_o} - \rho Qt)}$$

Sustituyendo por los valores numéricos:

$$-\ddot{R} = \frac{1000\frac{0.01128^2}{6.67 \cdot 10^{-4}}[-\cos 60 + 0.02 \operatorname{sen} 60] + 0.02g(60 + 10 + 400 - 11.28t)}{(60 + 10 + 400 - 11.28)}$$

$$= \frac{-92.077 + 92.214 - 1.264t}{(470 - 6.44t)} = \frac{0.137 - 2.213t}{(470 - 11.28t)}$$

El agua se acabará cuando se hayan consumido los 400 litros, por tanto:

$$\dot{m}_{agua} = \rho \cdot Q \cdot t$$

$$400 = 11.28 \cdot t \rightarrow t = 35.46 \ s$$

Para ese instante de tiempo:

$$-\ddot{R} = -1.12 m/s^2$$

Es decir, la aceleración del depósito (todo el volumen de control) cuando se acabe el agua será de 1.12 m/s² positiva en el eje x (es decir en la dirección del movimiento).

Problema 5

La conexión en estrella horizontal de la figura divide el caudal de un fluido cuya densidad relativa es de 0.85, en partes iguales. Si el caudal Q_1 es de 140 l/s, la presión en el punto 1 es de 4.5 kg/cm² y se desprecian las pérdidas de carga.

El diámetro de 1 es 400 mm, el diámetro de 2 es 250 mm y el diámetro de 3 es 200 mm. El ángulo que forman 1 con 2 es α igual a 30° y el ángulo que forman 1 con 3 es β igual a 50°.

Teniendo en cuenta que toda la pieza se encuentra en un plano horizontal y considerando un valor para la gravedad de 9.81 m/s².

Calcular (las unidades son evaluables, debe indicarse el resultado en las unidades solicitadas):

a) La presión en el punto 2 (en kg/cm²)

$$P_2 - 4.49 kg/cm^2$$

b) La presión en el punto 3 (en mcf (metros de columna de fluido))

$$\frac{P_3}{\gamma} = 52.75 \ mcf$$

c) Esfuerzos (Fuerzas F_X, F_Y) necesarios para mantener la pieza fija

$$\overrightarrow{F_{anc}} = -34050.1\vec{\imath} + 9857.725\vec{\jmath} \ (N)$$

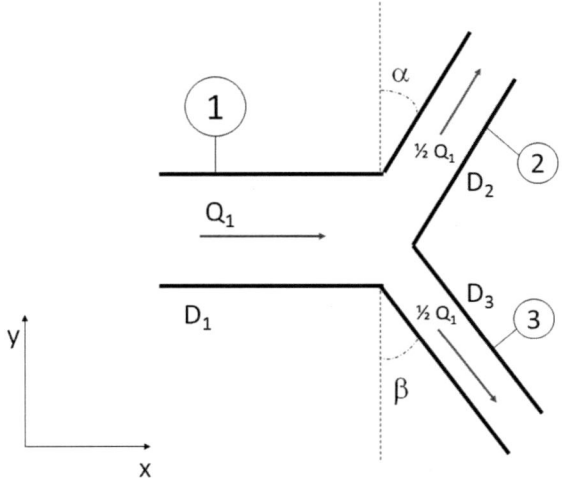

Solución

Apartado a)

Aplicamos Bernoulli entre el punto 1 y el punto 2.

Bernoulli 1-2

$$\frac{P_1}{\gamma} + z_1 + \frac{V_1^2}{2g} + h_b = \frac{P_2}{\gamma} + z_2 + \frac{V_2^2}{2g} + h_f$$

No existe bomba, h_b=0. Nos indican que se desprecian las pérdidas por fricción h_f=0. La pieza está apoyada en un plano horizontal por lo que las cotas en todas las piezas son las mismas (z_1=z_2). Con todo esto la expresión anterior queda:

$$\frac{P_1}{\gamma} + \frac{V_1^2}{2g} = \frac{P_2}{\gamma} + \frac{V_2^2}{2g}$$

Como conocemos el caudal en 1 y en 2, y los diámetros de ambas secciones, podemos calcular la velocidad en ambos puntos:

$$V_1 = \frac{Q_1}{A_1} = \frac{Q_1}{\frac{\pi \cdot D_1^2}{4}} = \frac{0.140}{\frac{\pi \cdot 0.4^2}{4}} = 1.11 m/s$$

$$V_2 = \frac{Q_2}{A_2} = \frac{Q_1/2}{\frac{\pi \cdot D_2^2}{4}} = \frac{0.140/2}{\frac{\pi \cdot 0.25^2}{4}} = 1.42 m/s$$

Conocemos la presión en 1:

$$P_1 = 4.5 \, \frac{kg}{cm^2} \frac{9.81 N}{1 kg} \frac{1 \cdot 10^4 cm^2}{m^2} = 441450 \, Pa$$

Por tanto:

$$\frac{441450}{0.85 \cdot 9810} + \frac{1.11^2}{2g} = \frac{P_2}{\gamma} + \frac{1.42^2}{2g} \rightarrow \frac{P_2}{\gamma} = 52.90 mcf$$

Que teniendo en cuenta el peso específico del fluido con el que estamos trabajando:

$$\frac{P_2}{\gamma} = 52.90 \, mcf \rightarrow P_2 = 52.90 \cdot 0.85 \cdot 1000 \cdot 9.81 = 441116.67 \, Pa = \frac{441116.67}{9.81 \cdot 10^4}$$

$$= 4.49 \frac{kg}{cm^2}$$

Apartado b)

Aplicamos Bernoulli entre el punto 1 y el punto 3. Y repetimos el mismo proceso que antes:

$$V_3 = \frac{Q_3}{A_3} = \frac{Q_1/2}{\frac{\pi \cdot D_3^2}{4}} = \frac{0.140/2}{\frac{\pi \cdot 0.20^2}{4}} = 2.22 m/s$$

$$\frac{P_1}{\gamma} + \frac{V_1^2}{2g} = \frac{P_3}{\gamma} + \frac{V_3^2}{2g}$$

$$\frac{441450}{0.85 \cdot 9810} + \frac{1.11^2}{2g} = \frac{P_3}{\gamma} + \frac{2.22^2}{2g} \rightarrow \frac{P_3}{\gamma} = 52.75 \; mcf$$

Que en Pascales:

$$\frac{P_3}{\gamma} - 52.75 \; mcf \rightarrow P_3 = 52.75 \cdot 0.85 \cdot 1000 \cdot 9.81 = 439879.07 \; Pa$$

Apartado c)

Partimos de la expresión de la conservación de la cantidad de movimiento, para sistemas inerciales (la pieza no se mueve por tanto VC fijo), y régimen permanente, con propiedades uniformes en las superficies de control:

$$\sum \overrightarrow{F_{ext}} = \sum_{salidas} \rho Q \vec{V} - \sum_{entradas} \rho Q \vec{V}$$

Definimos el volumen de control y por tanto las superficies de control (entradas y salidas). Siendo la entrada al volumen de control el punto 1, y las salidas los dos brazos (punto 2 y 3).

Identificamos las fuerzas externas que actúan sobre el volumen de control. Tendremos fuerza de presión en los tres puntos (perpendicular a la superficie de control y sentido hacia el volumen de control)). La fuerza de anclaje es lo que debemos calcular para que la pieza no se mueva. La fuerza peso no actúa en el sentido del flujo, puesto que la pieza se encuentra en un plano horizontal.

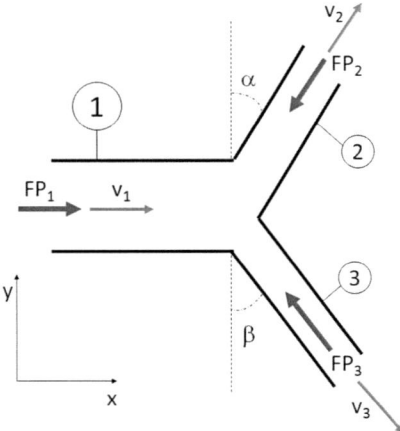

Los vectores de las fuerzas de presión en la entrada y cada una de las salidas será:

$$\overrightarrow{FP_1} = FP_1(+\vec{\imath})$$

$$\overrightarrow{FP_2} = FP_2 sen\alpha(-\vec{\imath}) + FP_2 cos\alpha(-\vec{\jmath})$$

$$\overrightarrow{FP_3} = FP_3 sen\alpha(-\vec{\imath}) + FP_3 cos\alpha(+\vec{\jmath})$$

Los vectores velocidad en la entrada y cada una de las salidas será:

$$\vec{V_1} = V_1(+\vec{\imath})$$

$$\vec{V_2} = V_2 sen\alpha(+\vec{\imath}) + V_2 cos\alpha(+\vec{\jmath})$$

$$\vec{V_3} = V_3 sen\beta(+\vec{\imath}) + V_3 cos\beta(-\vec{\jmath})$$

Con todo esto, la expresión anterior queda:

$$FP_1(+\vec{\imath}) + \left(FP_2 sen\alpha(-\vec{\imath}) + FP_2 cos\alpha(-\vec{\jmath})\right) + \left(FP_3 sen\alpha(-\vec{\imath}) + FP_3 cos\alpha(+\vec{\jmath})\right)$$
$$+ F_{anc.x}(\vec{\imath}) + F_{anc.y}(\vec{\jmath})$$
$$= \rho Q_2(V_2 sen\alpha(+\vec{\imath}) + V_2 cos\alpha(+\vec{\jmath})) + \rho Q_3(V_3 sen\beta(+\vec{\imath})$$
$$+ V_3 cos\beta(-\vec{\jmath})) - \rho Q_1 V_1(+\vec{\imath})$$

Resolvemos en cada uno de los ejes:

Eje x:

$$FP_1(+\vec{\imath}) + FP_2 sen\alpha(-\vec{\imath}) + FP_3 sen\alpha(-\vec{\imath}) + F_{anc.x}(\vec{\imath})$$
$$= \rho Q_2 V_2 sen\alpha(+\vec{\imath}) + \rho Q_3 V_3 sen\beta(+\vec{\imath}) - \rho Q_1 V_1(+\vec{\imath})$$

como $Q_2 = Q_3$

$$FP_1(+\vec{\imath}) + FP_2 sen\alpha(-\vec{\imath}) + FP_3 sen\alpha(-\vec{\imath}) + F_{anc.x}(\vec{\imath})$$
$$= \rho Q_2(V_2 sen\alpha(+\vec{\imath}) + V_3 sen\beta(+\vec{\imath})) - \rho Q_1 V_1(+\vec{\imath})$$

Despejamos la fuerza de anclaje:

$$F_{anc.x}(\vec{\imath}) = \rho Q_2\big(V_2 sen\alpha(+\vec{\imath}) + V_3 sen\beta(+\vec{\imath})\big) - \rho Q_1 V_1(+\vec{\imath}) - FP_1(+\vec{\imath})$$
$$- FP_2 sen\alpha(-\vec{\imath}) - FP_3 sen\alpha(-\vec{\imath})$$

Sustituyendo:

$$F_{anc.x}(\vec{\imath}) = 0.85 \cdot 1000 \cdot \left(\frac{0.14}{2}\right)(1.42 sen30 + 2.22\ sen50) - 0.85 \cdot 1000 \cdot 0.14$$
$$\cdot 1.11 - 441450 \cdot \frac{\pi \cdot 0.4^2}{4} + 441116.67 \cdot \frac{\pi \cdot 0.25^2}{4} sen30$$
$$+ 439879.07 \cdot \frac{\pi \cdot 0.2^2}{4} sen50 = -34050.14N$$

Eje y:

$$FP_2 cos\alpha(-\vec{\jmath}) + FP_3 cos\alpha(+\vec{\jmath}) + F_{anc.y}(\vec{\jmath}) = \rho Q_2 V_2 cos\alpha(+\vec{\jmath}) + \rho Q_3 V_3 cos\beta(-\vec{\jmath})$$

como $Q_2{-}Q_3$

$$FP_2 cos\alpha(-\vec{\jmath}) + FP_3 cos\alpha(+\vec{\jmath}) + F_{anc.y}(\vec{\jmath}) = \rho Q_2(V_2 cos\alpha(+\vec{\jmath}) + V_3 cos\beta(-\vec{\jmath}))$$

Despejamos la fuerza de anclaje:

$$F_{anc.y}(\vec{\jmath}) = \rho Q_2\big(V_2 cos\alpha(+\vec{\jmath}) + V_3 cos\beta(-\vec{\jmath})\big) - FP_2 cos\alpha(-\vec{\jmath}) - FP_3 cos\alpha(+\vec{\jmath})$$

Sustituyendo:

$$F_{anc.y}(\vec{\jmath}) = 0.85 \cdot 1000 \cdot \left(\frac{0.14}{2}\right)(1.42 cos30 - 2.22\ cos50) + 441116.67$$
$$\cdot \frac{\pi \cdot 0.25^2}{4} cos30 - 439879.07 \cdot \frac{\pi \cdot 0.2^2}{4} cos50 = 9857.725N$$

Por tanto:

$$\overrightarrow{F_{anc}} = -34050.1\vec{\imath} + 9857.725\vec{\jmath}$$

Capítulo 6
Análisis dinámica integral. Ecuación conservación de momento cinético

6.1 Resultados de aprendizaje

Una vez definida la ecuación de conservación de cantidad de movimiento, su aplicación en volumen de control que tienen un punto de giro permite abordar el estudio de la ecuación de conservación de momento cinético a través del Teorema de Arrastre de Reynolds (TAR). Alcanzar los resultados de aprendizaje, le permitirá conocer al estudiantado como determinar velocidades de rotación, altura impulsada por las máquinas rotodinámicas, entre otros.

Los resultados de aprendizaje son:

- Enumerar la ecuación de conservación de momento cinético a partir del TAR

- Aplicar la ecuación de conservación de momento cinético a casos de estudio

6.2 Objetos de aprendizaje de ayuda para la adquisición de los resultados de aprendizaje

A continuación, se adjuntan los objetos de aprendizaje que pueden ser de utilidad para alcanzar los resultados de aprendizaje establecidos en el apartado anterior.

POLIMEDIA	LINK	CÓDIGO QR
Análisis dinámica integral. Ecuación conservación de momento cinético	http://hdl.handle.net/10251/160635	

6.3 Problemas

Problema 1

El aspersor de riego que se muestra en la siguiente figura (en planta) puede girar respecto del punto O y está alimentado con un caudal Q=1 l/s, que entra por el punto O a través de una tubería perpendicular al mismo. Considerando régimen permanente, si el aspersor se mueve sin rozamiento, la longitud de cada uno de los brazos del aspersor es L=20 cm, el diámetro de ambos brazos es D=10 mm, el diámetro de salida de cada boquilla d=6 mm y el ángulo que forma el chorro a la salida con la perpendicular de los brazos es α= 45°.

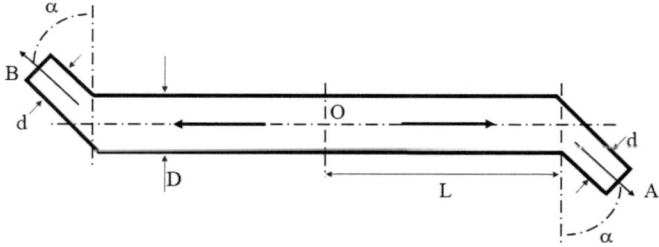

a) Determinar el par exterior que es necesario aplicar sobre el mismo para evitar que gire:

$$\overrightarrow{M_o} = -2.5\vec{k} \ (Nm)$$

b) La velocidad angular con la que girará el aspersor si no se aplica ningún par exterior que lo ancle:

$$N = 597rpm$$

Solución

Apartado a)

En primer lugar, se selecciona el Volumen de control. Éste está formado por el aspersor, su entrada y ambas salidas.

Partimos de la ecuación de conservación del momento cinético, obtenida a partir del Teorema de Arrastre de Reynolds:

$$\sum \overrightarrow{M_{ext}} - \int_{VC}\left[\vec{r} \wedge \left(\frac{d^2\vec{R}}{dt^2} + \left(\frac{d\vec{\omega}}{dt} \wedge \vec{r}\right) + (\vec{\omega} \wedge (\vec{\omega} \wedge \vec{r})) + \left(2\vec{\omega} \wedge \overrightarrow{V_r}\right)\right)\right]\rho dV$$

$$= \frac{d}{dt}\int_{VC}(\vec{r} \wedge \overrightarrow{V_r})\rho dV + \int_{SC}(\vec{r} \wedge \overrightarrow{V_r})\,\rho\left(\overrightarrow{V_{r,sc}} \wedge \overrightarrow{dA}\right)$$

Dado que el aspersor está fijo:

$$\int_{VC} \left[\vec{r} \wedge \left(\frac{d^2\vec{R}}{dt^2} + \left(\frac{d\vec{\omega}}{dt} \wedge \vec{r} \right) + \left(\vec{\omega} \wedge (\vec{\omega} \wedge \vec{r}) \right) + \left(2\vec{\omega} \wedge \vec{V_r} \right) \right) \right] \rho dV = 0$$

Y al tratarse de régimen estacionario, el sistema no varía con el tiempo por lo que:

$$\frac{d}{dt} \int_{VC} \left(\vec{r} \wedge \vec{V_r} \right) \rho dV = 0$$

En cuanto al sumatorio de momentos externos, como la fuerza de presión de entrada no produce momentos alrededor de O, despreciamos la fricción y el sistema es considerado simétrico respecto de O, el único momento exterior es el par de anclaje (el que se solicita) para que el aspersor no gire, $\vec{M_o}$, Por último, en cuanto a las superficies de control, tenemos una entrada (punto O) y dos salidas (A y B), cada una con un flujo unidireccional y uniforme, por tanto:

$$\vec{M_o} = \sum_{salidas} \rho Q \left(\vec{r} \wedge \vec{V_r} \right) - \sum_{entradas} \rho Q \left(\vec{r} \wedge \vec{V_r} \right)$$

Como en la entrada, punto O, $\vec{r} = 0$:

$$\vec{M_o} = \sum_{salidas} \rho Q \left(\vec{r} \wedge \vec{V_r} \right)$$

El caudal de entrada, debe ser la suma de ambos caudales de salida (por la ecuación de continuidad). La velocidad relativa de salida por cada una de las boquillas del aspersor:

$$V_r = \frac{Q/2}{A_b} = \frac{Q}{2\frac{\pi d^2}{4}} = \frac{2Q}{\pi d^2}$$

De acuerdo con el sistema de referencia:

Salida A; $\quad Q = \dfrac{Q}{2}; \ \vec{r} = L\vec{\imath}; \ \vec{V_r} = \dfrac{2Q}{\pi d^2} \left(sen\ (\alpha)\vec{\imath} - cos\ (\alpha)\vec{\jmath} \right)$

Salida B; $\quad Q = \dfrac{Q}{2}; \ \vec{r} = -L\vec{\imath}; \ \vec{V_r} = \dfrac{2Q}{\pi d^2} \left(-sen\ (\alpha)\vec{\imath} + cos(\alpha)\vec{\jmath} \right)$

Sustituyendo en la ecuación de conservación del momento cinético:

$$\overrightarrow{M_o} = \sum_{salidas} \rho Q (\vec{r} \wedge \overrightarrow{V_r})$$

$$= \rho \frac{Q}{2} \left(L\vec{\imath} \wedge \frac{2Q}{\pi d^2} (sen\,(\alpha)\vec{\imath} - cos\,(\alpha)\vec{\jmath}) \right)$$

$$+ \rho \frac{Q}{2} \left(-L\vec{\imath} \wedge \frac{2Q}{\pi d^2} (-sen\,(\alpha)\vec{\imath} + cos\,(\alpha)\vec{\jmath}) \right)$$

$$\overrightarrow{M_o} = \rho \frac{Q}{2} \left(-\frac{L2Qcos\,(\alpha)}{\pi d^2}\vec{k} \right) + \rho \frac{Q}{2} \left(-\frac{L2Qcos\,(\alpha)}{\pi d^2}\vec{k} \right) = -\rho \frac{2LQ^2 cos\,(\alpha)}{\pi d^2}\vec{k}$$

Sustituyendo por los valores numéricos:

$$\overrightarrow{M_o} = -1000 \frac{2 \cdot 0.2 \cdot 0.001^2 cos\,(45)}{\pi \cdot 0.006^2} = -2.5\vec{k}\ (Nm)$$

Apartado b)

En este caso, que el aspersor sí puede girar, y teniendo en cuenta:

$$\frac{d^2\vec{R}}{dt^2} = 0\ (no\ hay\ aceleración)$$

$$\frac{d\vec{\omega}}{dt} = 0\ (no\ hay\ aceleración\ angular)$$

$$\vec{r} \wedge (\vec{\omega} \wedge (\vec{\omega} \wedge \vec{r})) = 0$$

La ecuación del momento cinético que se obtiene para un flujo estacionario:

$$\sum \overrightarrow{M_{ext}} = \int_{VC} [\vec{r} \wedge (2\vec{\omega} \wedge \overrightarrow{V_r})]\rho dV + \sum_{salidas} \rho Q (\vec{r} \wedge \overrightarrow{V_r}) - \sum_{entradas} \rho Q (\vec{r} \wedge \overrightarrow{V_r})$$

En este caso, no hay ningún momento exterior aplicado, pues se elimina el par de anclaje para que el aspersor pueda girar, que es el único momento presente. Para las salidas y entradas se mantiene el resultado anterior, por tanto:

$$0 = \int_{VC} [\vec{r} \wedge (2\vec{\omega} \wedge \overrightarrow{V_r})]\rho dV - \rho \frac{2LQ^2 cos\,(\alpha)}{\pi d^2}\vec{k}$$

Donde el primer sumando representa la fuerza de inercia de Coriolis y Vr es la velocidad relativa de un punto cualquiera a lo largo del espesor, que se supone en dirección (x).

El volumen de un conducto, de diámetro D, se puede expresar como:

$$dV = Adr = \frac{\pi D^2}{4}dr$$

y la velocidad relativa en cada sección del aspersor es uniforme y por la ecuación de continuidad, por cada brazo:

$$\frac{Q}{2} = AV_r = \frac{\pi D^2}{4}V_r \rightarrow V_r = \frac{2Q}{\pi D^2}$$

Por tanto, la fuerza de Coriolis, queda, teniendo en cuenta que por la simetría del problema la fuerza total es el doble de cada brazo:

$$\int_{VC}[\vec{r} \wedge (2\vec{\omega} \wedge \vec{V_r})]\rho dV = 2\int_0^L \rho\left[r\vec{i} \wedge \left(2\omega\vec{k} \wedge \frac{2Q}{\pi D^2}\vec{i}\right)\right]\frac{\pi D^2}{4}dr = \rho\omega QL^2\vec{k}$$

Sustituyendo esta expresión en la ecuación anterior:

$$0 = \rho\omega QL^2\vec{k} - \rho\frac{2LQ^2\cos(\alpha)}{\pi d^2}\vec{k}$$

Podemos obtener el valor de la velocidad angular:

$$\omega = \frac{2Q\cos(\alpha)}{L\pi d^2} = \frac{2 \cdot 0.001 \cdot \cos(45)}{0.2 \cdot \pi \cdot 0.006^2} = 62.52 rad/s$$

$$N = \frac{60\omega}{2\pi} = 597 rpm$$

Problema 2

El aspersor de riego que se muestra en la siguiente figura (en planta) puede girar respecto del punto O y está alimentado con un caudal Q=1 l/s, que entra por el punto O a través de una tubería perpendicular al mismo. Considerando régimen permanente, si el aspersor se mueve sin rozamiento, la longitud de cada uno de los brazos del aspersor es L=20 cm, el diámetro de ambos brazos es D=10 mm, el diámetro de salida de cada boquilla d=6 mm y el ángulo que forma el chorro a la salida con la perpendicular de los brazos es α= 45°.

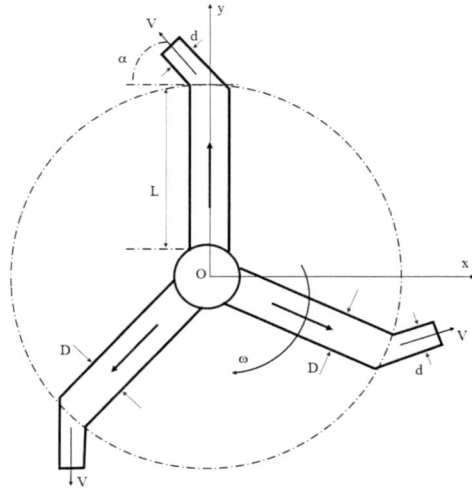

a) Determinar el par exterior que es necesario aplicar sobre el mismo para evitar que gire:

$$\overrightarrow{M_o} = 1.67\vec{k}\ (Nm)$$

b) La velocidad angular con la que girará el aspersor si no se aplica ningún par exterior que lo ancle:

$$N = 398rpm$$

Solución

Apartado a)

En primer lugar, se selecciona el Volumen de control. Éste está formado por cada uno de los brazos del aspersor.

Partimos de la ecuación de conservación del momento cinético, obtenida a partir del Teorema de Arrastre de Reynolds:

$$\sum \overrightarrow{M_{ext}} - \int_{VC} \left[\vec{r} \wedge \left(\frac{d^2\vec{R}}{dt^2} + \left(\frac{d\vec{\omega}}{dt} \wedge \vec{r} \right) + \left(\vec{\omega} \wedge (\vec{\omega} \wedge \vec{r}) \right) + \left(2\vec{\omega} \wedge \overrightarrow{V_r} \right) \right) \right] \rho dV$$

$$= \frac{d}{dt} \int_{VC} \left(\vec{r} \wedge \overrightarrow{V_r} \right) \rho dV + \int_{SC} \left(\vec{r} \wedge \overrightarrow{V_r} \right) \rho \left(\overrightarrow{V_{r,sc}} \wedge \overrightarrow{dA} \right)$$

Dado que el aspersor está fijo:

$$\int_{VC} \left[\vec{r} \wedge \left(\frac{d^2\vec{R}}{dt^2} + \left(\frac{d\vec{\omega}}{dt} \wedge \vec{r} \right) + \left(\vec{\omega} \wedge (\vec{\omega} \wedge \vec{r}) \right) + \left(2\vec{\omega} \wedge \overrightarrow{V_r} \right) \right) \right] \rho dV = 0$$

Y al tratarse de régimen estacionario, el sistema no varía con el tiempo por lo que:

$$\frac{d}{dt} \int_{VC} \left(\vec{r} \wedge \overrightarrow{V_r} \right) \rho dV = 0$$

En cuanto al sumatorio de momentos externos, como la fuerza de presión de entrada no produce momentos alrededor de O, despreciamos la fricción y el sistema es considerado simétrico respecto de O, el único momento exterior es el par de anclaje (el que se solicita) para que el aspersor no gire, $\overrightarrow{M_o}$, Por último, en cuanto a las superficies de control, tenemos una entrada (punto O) y tres salidas, cada una con un flujo unidireccional y uniforme, por tanto:

$$\overrightarrow{M_o} = \sum_{salidas} \rho Q \left(\vec{r} \wedge \overrightarrow{V_r} \right) - \sum_{entradas} \rho Q \left(\vec{r} \wedge \overrightarrow{V_r} \right)$$

Como en la entrada, punto O, $\vec{r} = 0$:

$$\overrightarrow{M_o} = \sum_{salidas} \rho Q \left(\vec{r} \wedge \overrightarrow{V_r} \right)$$

El caudal de entrada, debe ser la suma de todos los caudales de salida (por la ecuación de continuidad).

La velocidad del fluido con respecto al sistema de referencia inercial V, velocidad absoluta, es igual a la velocidad V_r con la que se mueve el fluido respecto del aspersor, más la velocidad U con la que se mueve el fluido si está rígidamente unido al aspersor con respecto al sistema de referencia fijo, velocidad de arrastre, que en este caso al estar el aspersor fijo es cero, entonces:

$$\vec{V} = \vec{U} + \vec{V_r} = \vec{V_r}$$

y de acuerdo con el sistema de referencia, tendremos, para cada brazo:

$$Q = \frac{Q}{3}; \ V_r = \frac{Q/2}{A_b} = \frac{Q}{3\frac{\pi d^2}{4}} = \frac{4Q}{3\pi d^2}$$

De acuerdo con el sistema de referencia:

$$Q = \frac{Q}{3}; \ \vec{r} = L\vec{j}; \ \vec{V_r} = \frac{4Q}{3\pi d^2}(-cos\,(\alpha)\vec{\imath} + sen\,(\alpha)\vec{\jmath})$$

Sustituyendo en la ecuación de conservación del momento cinético y teniendo en cuenta que por la simetría del problema el par será el triple del calculado:

$$\vec{M_o} = \sum_{salidas} \rho Q(\vec{r} \wedge \vec{V_r})$$

$$\vec{M_o} = 3\rho \frac{Q}{3} \frac{4LQcos\,(\alpha)}{3\pi d^2}\vec{k}$$

Sustituyendo por los valores numéricos:

$$\vec{M_o} = 3 \cdot 1000 \frac{0.001}{3} \frac{4 \cdot 0.2 \cdot 0.001 \cdot cos\,(45)}{3\pi 0.006^2} = 1.67\vec{k} \ (Nm)$$

que indica que el par está aplicado en dirección opuesto al movimiento.

Apartado b)

En este caso, que el aspersor sí puede girar, y teniendo en cuenta:

$$\frac{d^2\vec{R}}{dt^2} = 0 \ (no\ hay\ aceleración)$$

$$\frac{d\vec{\omega}}{dt} = 0 \ (no\ hay\ aceleración\ angular)$$

$$\vec{r} \wedge \left(\vec{\omega} \wedge (\vec{\omega} \wedge \vec{r})\right) = 0$$

La ecuación del momento cinético que se obtiene para un flujo estacionario:

$$\sum \overrightarrow{M_{ext}} = \int_{VC} [\vec{r} \wedge (2\vec{\omega} \wedge \overrightarrow{V_r})]\rho dV + \sum_{salidas} \rho Q(\vec{r} \wedge \overrightarrow{V_r}) - \sum_{entradas} \rho Q(\vec{r} \wedge \overrightarrow{V_r})$$

En este caso, no hay ningún momento exterior aplicado, pues se elimina el par de anclaje para que el aspersor pueda girar, que es el único momento presente.

La velocidad del fluido con respecto al sistema de referencia inercial V, velocidad absoluta, es igual a la velocidad V_r con la que se mueve el fluido respecto del aspersor, más la velocidad U con la que se mueve el fluido si está rígidamente unido al aspersor con respecto al sistema de referencia fijo, velocidad de arrastre, que en este caso al estar el aspersor fijo es cero, entonces:

$$\vec{V} = \vec{U} + \overrightarrow{V_r}$$

de acuerdo con el sistema de referencia, para cada brazo tendremos:

$$Q = \frac{Q}{3}; \quad \vec{r} = L\vec{j}; \quad \vec{U} = L\omega\vec{i}; \quad \overrightarrow{V_r} = \frac{4Q}{3\pi d^2}(-\cos(\alpha)\vec{i} + sen(\alpha)\vec{j})$$

Donde el primer sumando representa la fuerza de inercia de Coriolis y Vr es la velocidad relativa de un punto cualquiera a lo largo del espesor, que se supone en dirección (x).

Sustituyendo en la ecuación del momento cinético:

$$0 = \rho\frac{Q}{3}\left[-L^2\omega + \frac{4LQ\cos(\alpha)}{3\pi d^2}\right]\vec{k}$$

Podemos obtener el valor de la velocidad angular:

$$\omega = \frac{4Q\cos(\alpha)}{L3\pi d^2} = \frac{4 \cdot 0.001 \cdot \cos(45)}{0.2 \cdot 3 \cdot \pi \cdot 0.006^2} = 41.68 rad/s$$

$$N = \frac{60\omega}{2\pi} = 398 rpm$$

Problema 3

Un caudal Q de un fluido de densidad ρ discurre por una tubería de diámetro D y sale al exterior a través de un brazo inclinado del mismo diámetro y que forma un ángulo θ con la horizontal, tal y como se muestra en la figura.

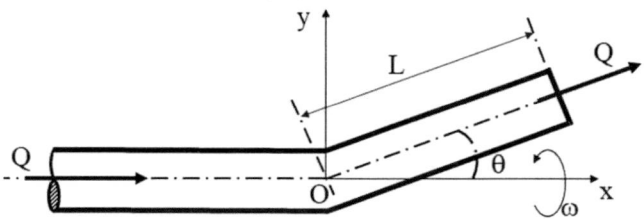

Si el brazo inclinado gira alrededor del eje de la tubería horizontal con una velocidad angular ω constante en el sentido positivo del eje x. Se pide determinar el par exterior M_0 que es necesario aplicar sobre este, para que gire en sentido positivo.

Solución

En primer lugar, se selecciona el Volumen de control. Este VC es fijo y está rígidamente unido a un sistema de referencia no inercial, xyz, que gira alrededor del eje x, con respecto a un sistema de referencia XYZ cuyo eje X es el mismo que el sistema no inercial y que tiene el mismo punto O, que es la intersección de la tubería con el brazo inclinado y el punto de referencia para tomar ambos momentos.

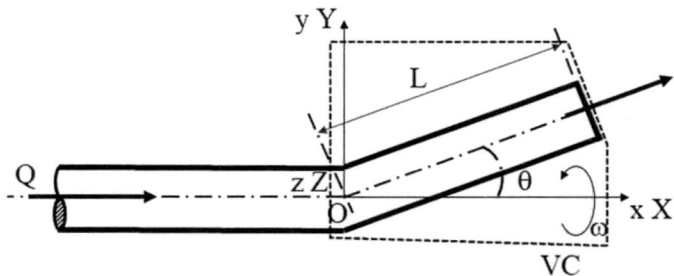

VC

La velocidad del fluido con respecto al sistema de referencia inercial, V, velocidad absoluta, es igual al a velocidad W con la que se mueve el fluido respecto al dispositivo, velocidad relativa, más la velocidad U con la que se mueve el fluido si está rígidamente unido al conjunto con respecto al sistema de referencia fijo, velocidad de arrastre.

La ecuación de continuidad aplicada al volumen de control, nos permite determinar la velocidad a la que se mueve el fluido con respecto al dispositivo:

$$Q_{ent} = Q_{sal} \rightarrow Q = A \cdot W = \frac{\pi D^2}{4} W \rightarrow W = \frac{4Q}{\pi D^2}$$

que es la velocidad relativa de salida.

Dado que:

$$\vec{V} = \vec{U} + \vec{W}$$

y como, U es la velocidad con la que se mueve el brazo con respecto al sistema de referencia, velocidad de arrastre:

$$\vec{U} = Lsen(\theta)\omega\vec{k}; \quad \vec{W} = \frac{4Q}{\pi D^2}(cos(\theta)\vec{\imath} + sen(\theta)\vec{\jmath})$$

tendremos que la velocidad absoluta, V será:

$$\vec{V} = \vec{U} + \vec{W} = Lsen(\theta)\omega\vec{k} + \frac{4Q}{\pi D^2}(cos(\theta)\vec{\imath} + sen(\theta)\vec{\jmath})$$

La ecuación de la conservación del momento cinético aplicada a un sistema de referencia inercial, XYZ, se escribe:

$$\sum \overrightarrow{M_{ext}} = \frac{d}{dt}\int_{VC}(\vec{r} \wedge \vec{V})\rho dV + \int_{SC}(\vec{r} \wedge \vec{V})\rho(\vec{W} \wedge \overrightarrow{dA})$$

teniendo en cuenta que $(\vec{r} \wedge \vec{V})$ cambia con el tiempo en el VC.

Tenemos un volumen de control con una entrada y una salida, cada una con un flujo unidireccional y uniforme, por lo que la ecuación del momento cinético queda:

$$\sum \overrightarrow{M_{ext}} = \frac{d}{dt}\int_{VC}(\vec{r} \wedge \vec{V})\rho dV + \sum_{salidas} \rho Q(\vec{r} \wedge \vec{V})$$

porque en la entrada el momento es nulo ya que r≡0.

De acuerdo con el sistema de referencia considerado y las características del producto vectorial, teniendo en cuenta:

$$\vec{V} = Lsen(\theta)\omega\vec{k} + \frac{4Q}{\pi D^2}(cos(\theta)\vec{\imath} + sen(\theta)\vec{\jmath})$$

$$\vec{r} = Lcos(\theta)\vec{\imath} + Lsen(\theta)\vec{\jmath}$$

por una parte tendremos:

$$\sum_{salidas} \rho Q(\vec{r} \wedge \vec{V})$$

$$= \rho Q \left[(Lcos(\theta)\vec{\imath} + Lsen(\theta)\vec{\jmath}) \right.$$

$$\left. \wedge \left(Lsen(\theta)\omega\vec{k} + \frac{4Q}{\pi D^2}(cos(\theta)\vec{\imath} + sen(\theta)\vec{\jmath}) \right) \right]$$

$$= \rho Q[L^2\omega sen^2(\theta)\vec{\imath} - L^2\omega sen(\theta)cos(\theta)\vec{\jmath}]$$

Por otra parte, si tenemos presente que:

$$\frac{\partial \vec{\imath}}{\partial t} = \omega\vec{\imath} \wedge \vec{\imath} = 0$$

$$\frac{\partial \vec{\jmath}}{\partial t} = \omega\vec{\imath} \wedge \vec{\jmath} = \omega\vec{k}$$

$$\int_{VC} \rho L^2 dV = I_o$$

siendo I_o el momento de inercia del fluido contenido en el interior del brazo inclinado con respecto al punto O, por lo que la variación del momento cinético con el tiempo en el interior del VC:

$$\frac{d}{dt}\int_{VC}(\vec{r} \wedge \vec{V})\rho dV = \frac{d}{dt}\int_{VC}(L^2\omega sen^2(\theta)\vec{\imath} - L^2\omega sen(\theta)cos(\theta)\vec{\jmath})\rho dV$$

$$= \frac{d}{dt}(\omega sen^2(\theta)\vec{\imath} - \omega sen(\theta)cos(\theta)\vec{\jmath})\int_{VC}L^2\rho dV$$

$$= \omega sen(\theta)I_o\left(sen(\theta)\frac{d\vec{\imath}}{dt} - cos(\theta)\frac{d\vec{\jmath}}{dt}\right) = -\omega^2 I_o sen(\theta)cos(\theta)\vec{k}$$

Por lo que, sustituyendo en la ecuación del momento cinético, queda:

$$\vec{M_o} = \rho Q[L^2\omega sen^2(\theta)\vec{\imath} - L^2\omega sen(\theta)cos(\theta)\vec{\jmath}] - \omega^2 I_o sen(\theta)cos(\theta)\vec{k}$$

que será el par exterior, en Nm, que es necesario aplicar sobre el brazo inclinado para que gire el dispositivo.

Capítulo 7

Flujo a presión. Cálculos simples

7.1 Resultados de aprendizaje

Los movimientos de los fluidos se presentan constantemente en el día a día de la naturaleza. El agua es un elemento esencial en nuestras vidas. Por ello, este capítulo aborda la introducción del flujo a presión. Estimar las pérdidas de carga por rozamiento, determinar las pérdidas de carga singulares, así como aplicar la ecuación de Bernoulli para hallar los valores de presión, cota piezométrica, caudal circulante y/o diámetro teórico, son resultados de aprendizaje que el estudiantado alcanzará una vez conozca los conceptos de flujo a presión y las metodologías básicas de resolución.

Los resultados de aprendizaje son:

- Estimar pérdidas de carga por rozamiento y singulares

- Determinar valor de presión en un punto

- Estimar la cota piezométrica

- Calcular el caudal circulante

- Determinar el diámetro teórico

7.2 Objetos de aprendizaje de ayuda para la adquisición de los resultados de aprendizaje

A continuación, se adjuntan los objetos de aprendizaje que pueden ser de utilidad para alcanzar los resultados de aprendizaje establecidos en el apartado anterior.

POLIMEDIA	LINK	CÓDIGO QR
Flujo a presión. Pérdidas de carga	http://hdl.handle.net/10251/160636	
Flujo a presión: pendiente hidráulica	http://hdl.handle.net/10251/179724	
Flujo a presión: determinar cota piezo-métrica en un punto	http://hdl.handle.net/10251/179722	
Flujo a presión. Determinar caudal circulante en una línea	http://hdl.handle.net/10251/179474	
Flujo a presión. Conducciones en serie	http://hdl.handle.net/10251/179721	

7.3 Problemas

Problema 1

Calcular el valor del caudal circulante por la tubería. Despreciar los términos cinéticos de la energía.

$$Q = 110,1 \, l/s$$

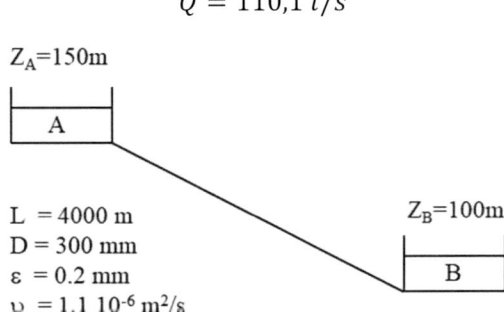

Solución

Aplicamos Bernouilli entre A y B:

$$B_A = B_B + h_f$$

(Bernoulli en A tiene que ser igual a Bernoulli en B, menos las pérdidas que se dan en todo el tramo entre A y B, que en este caso son sólo pérdidas por fricción en la tubería porque no hay ninguna válvula ni elemento que genere pérdidas localizadas).

$$z_A + \frac{P_A}{\gamma} + \frac{V_A{}^2}{2g} = z_B + \frac{P_B}{\gamma} + \frac{V_B{}^2}{2g} + h_f$$

$150 + 0 + \cancel{\frac{v_A^2}{2g}} = 100 + 0 + \cancel{\frac{v_B^2}{2g}} + h_f$ Despreciamos los términos de la energía cinética

y la presión en ambos puntos es cero, porque se encuentran a presión atmosférica (se trata de dos depósitos atmosféricos) y por tanto la presión manométrica vale cero

$$150 = 100 + h_f \rightarrow h_f = 50 \, mca$$

Las pérdidas por fricción son de 50 mca. Calculamos el caudal con la ecuación de Darcy-Weisbach porque ya conocemos las pérdidas que se dan en la tubería, por tanto:

$$h_f = \frac{8fL}{\pi^2 D^5 g} Q^2$$

$$50mca = \frac{8f4000}{\pi^2 0.3^5 9.81} Q^2 \qquad (ec \ 1)$$

Si desarrollamos los cálculos de la ec 1, entonces:

$$Q = 0.8043\sqrt{f} \qquad (ec\ 1')$$

Lo conocemos todo menos f y Q. Por tanto y como f depende de la rugosidad y de Reynolds, y el valor de Reynolds depende de la velocidad (es decir del caudal), debemos iterar:

El valor de f, lo calculamos con la ecuación de White- Colebrook:

$$\frac{1}{\sqrt{f}} = -2\log\left(\frac{\varepsilon}{3.7D} + \frac{2.51}{Re\sqrt{f}}\right)$$

$$\frac{1}{\sqrt{f}} = -2\log\left(\frac{0.2mm}{3.7 \cdot 300mm} + \frac{2.51}{Re\sqrt{f}}\right) \qquad (ec\ 2)$$

$$Re = \frac{VD}{\upsilon} = \frac{(\frac{Q}{A})D}{\upsilon}$$

$$Re = \frac{(\frac{Q}{A})D}{\upsilon} = \frac{\left(\frac{Q}{\pi \cdot \frac{0.3^2}{4}}\right)0.3}{1.1 \cdot 10^{-6}} = 3858302 \cdot Q \qquad (ec\ 3)$$

Ya tenemos las tres ecuaciones que necesitamos para iterar el valor del factor de fricción:

Empezamos por un valor de f, por ejemplo, de 0.016:

f	Q (de la ec 1)	Re (de la ec 3)	f' (de la ec 2)*
0.016	0,1017 m³/s	392535	0.0188
0.0188	0,1103 m³/s	425760,2	0.0187
0.0187	0,1101 m³/s	424959,7	0,0187

Repetimos en la tabla anterior tantas veces como sea necesario hasta que f sea igual a f'. Cuando coincida entonces, ese es el valor del factor de fricción (f=0.0187)

A partir de este valor de f calculamos Q (que ya lo hemos calculado en la tabla):

$$50mca = \frac{8 \cdot 0.01875 \cdot 4000}{\pi^2 0.3^5 9.81}Q^2 \quad \rightarrow Q = 0,1101\frac{m^3}{s} = 110,1\ l/s$$

Opción 2. Calculando a partir del valor de $Re\sqrt{f}$

Lo que buscamos con esta opción es ahorrarnos cálculos, para ello tenemos que poner nuestra incógnita (que en este caso es Q, en función de $Re\sqrt{f}$)

$$h_f = \frac{8fL}{\pi^2 D^5 g} Q^2 = f \frac{L}{D} \frac{v^2}{2g} \quad \text{a partir de esta ecuación despejamos } f$$

$$f = \frac{h_f \cdot D \cdot 2g}{v^2 L} \quad \text{lo conocemos todo menos } v \text{ (que es función de Q)}$$

Como lo que buscamos es la expresión $Re\sqrt{f}$ entonces:

$$Re\sqrt{f} = Re \sqrt{\frac{h_f \cdot D \cdot 2g}{V^2 L}} = \frac{vD}{v} \sqrt{\frac{h_f \cdot D \cdot 2g}{V^2 L}}$$

$$= \frac{D}{v} \sqrt{\frac{h_f \cdot D \cdot 2g}{L}} \quad y \; de \; aquí \; ya \; lo \; conocemos \; todo$$

$$Re\sqrt{f} = \frac{0.3}{1.1 \cdot 10^{-6}} \sqrt{\frac{50 \cdot 0.3 \cdot 2g}{4000}} = 73976,49$$

Sustituimos el valor obtenido de $Re\sqrt{f}$ en la ecucación de Colebrook:

$$\frac{1}{\sqrt{f}} = -2 \log\left(\frac{\varepsilon}{3.7D} + \frac{2.51}{Re\sqrt{f}}\right)$$

$$\frac{1}{\sqrt{f}} = -2 \log\left(\frac{0.2}{3.7 \cdot 300} + \frac{2.51}{73976.49}\right) \quad f = 0.0186$$

Y éste ya es nuestro valor del factor de fricción que sustiuimos en la ecuación de pérdidas:

$$50mca = \frac{8 \cdot 0.0186 \cdot 4000}{\pi^2 0.3^5 9.81} Q^2 \quad \rightarrow Q = 0{,}1101 \frac{m^3}{s} = 110{,}1 \frac{l}{s}$$

Problema 2

a) Calcular el valor de la presión en el punto B. Despreciar el término cinético de la energía.

$$\frac{P_B}{\gamma} = 37.55 \ mca$$

b) ¿Qué longitud máxima puede tener la tubería para mantener en B una presión mínima de 30 mca?

$$L = 4.823 km$$

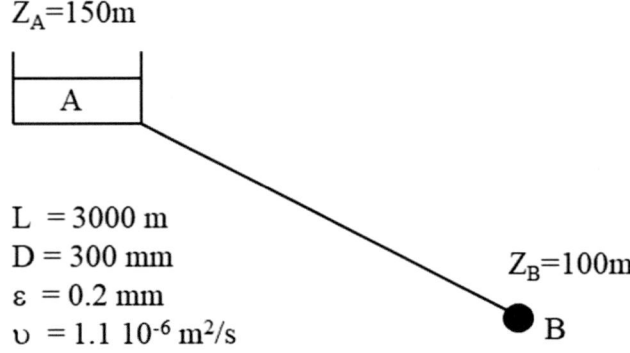

Z_A=150m

A

L = 3000 m
D = 300 mm
ε = 0.2 mm
υ = 1.1 10⁻⁶ m²/s

Z_B=100m

B

Solución

Apartado a)

Aplicamos Bernouilli entre A y B:

$$B_A = B_B + h_f$$

(Bernoulli en A tiene que ser igual a Bernoulli en B, menos las pérdidas que se dan en todo el tramo entre A y B, que en este caso son sólo pérdidas por fricción en la tubería porque no hay ninguna válvula ni elemento que genere pérdidas localizadas).

$$z_A + \frac{P_A}{\gamma} + \frac{V_A^{\,2}}{2g} = z_B + \frac{P_B}{\gamma} + \frac{V_B^{\,2}}{2g} + h_f$$

$150 + 0 + \cancel{\frac{v_A^2}{2g}} = 100 + \frac{p_B}{\gamma} + \cancel{\frac{v_B^2}{2g}} + h_f$ Despreciamos los términos cinéticos de la energía y sabemos que la presión en el embalse es cero, porque se encuentra a presión atmosférica y por tanto la presión manométrica vale cero

$$150 = 100 + \frac{p_B}{\gamma} + h_f \ \rightarrow \ \frac{p_B}{\gamma} = 50 - h_f$$

La presión en B será la diferencia de cotas menos las pérdidas que se den en todo el tramo entre A y B. Calculamos las pérdidas con la ecuación de Darcy-Weisbach porque conocemos el caudal que circula por la tubería, por tanto:

$$h_f = \frac{8fL}{\pi^2 D^5 g} Q^2$$

$$h_f = \frac{8f3000}{\pi^2 0.3^5 9.81} (0.08)^2 \qquad (ec\ 1)$$

Si desarrollamos los cálculos de la ec 1, entonces:

$$h_f = \frac{8f3000}{\pi^2 0.3^5 9.81} (0.08)^2 = 652{,}85f \qquad (ec\ 1')$$

Sólo necesitamos conocer el valor de f. El valor de f, lo calculamos con la ecuación de White- Colebrook:

$$\frac{1}{\sqrt{f}} = -2\log\left(\frac{\varepsilon}{3.7D} + \frac{2.51}{Re\sqrt{f}}\right)$$

$$\frac{1}{\sqrt{f}} = -2\log\left(\frac{0.2mm}{3.7 \cdot 300mm} + \frac{2.51}{Re\sqrt{f}}\right) \qquad (ec\ 2)$$

$$Re = \frac{VD}{v} = \frac{(\frac{Q}{A})D}{v}$$

$$Re = \frac{(\frac{Q}{A})D}{v} = \frac{\left(\frac{0.08}{\pi \cdot \frac{0.3^2}{4}}\right)0.3}{1.1 \cdot 10^{-6}} = 308664.13 \qquad (ec\ 3)$$

Calculamos el valor de f a partir de la ecuación 2. Para resolver esta ecuación o bien utilizamos el solver de la calculadora o iteramos dentro de la propia ecuación hasta que obtengamos el valor exacto de f, que tiene un valor de 0.019.

A partir de este valor de f calculamos h_f:

$$h_f = \frac{8 \cdot 0.019 \cdot 3000}{\pi^2 0.3^5 9.81} (0.08)^2 = 12{,}44\ mca$$

Calculadas las pérdidas, ya podemos conocer la presión en B:

$$\frac{p_B}{\gamma} = 50 - 12.44 = 37.55\ mca$$

Apartado b)

Con la longitud actual de la tubería, tenemos en total 12,44 mca, debemos calcular cuál podría ser la longitud máxima para llegar con una presión de 30 mca. Lógicamente será mayor que la actual, porque con los 3000 m que mide ahora llegamos con 37,55 mca, luego todavía podemos perder 7,55 mca más:

$$150 = 100 + 30 + h_f \rightarrow h_f = 20\ mca$$

Cómo ya hemos calculado las pérdidas por fricción que se originan con esa conducción (diámetro) con el caudal que circula, calculamos la pendiente hidráulica. Es decir cuántas pérdidas se dan por cada km de esa tubería:

$$j\left(\frac{m}{m}\right) = \frac{h_f}{L} \rightarrow j = \frac{12,44}{3000} = 0.0041\frac{m}{m} = 4.14\ m/km$$

Siginifica que por cada km de tubería perdemos 4,14 mca de presión, si como mucho nos podemos permitir perder 20 mca para llegar con la pesión de 30 mca al nudo B, entonces:

$$h_f = jL \rightarrow L = \frac{20}{4.14} = 4.823km$$

Podemos tener una tubería de hasta 4.823 metros, si fuera más larga las pérdidas totales en todo el tramos serían mayores de 20 mca, y por tanto la pesión en B sería menor de 30 mca.

Problema 3

Calcular el valor del diámetro teórico de la conducción para garantizar una presión mínima en B de 20 mca. Despreciar el término cinético de la energía.

$$D = 275\ mm$$

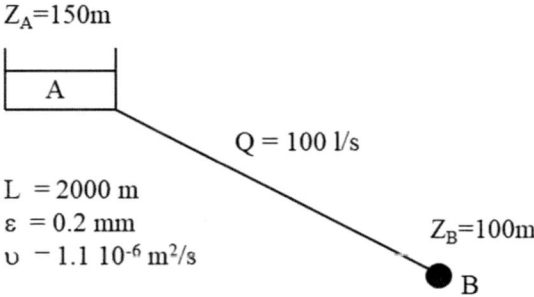

Solución

Aplicamos Bernouilli entre A y B:

$$B_A = B_B + h_f$$

Bernoulli en A tiene que ser igual a Bernoulli en B, menos las pérdidas que se dan en todo el tramo entre A y B, que en este caso son sólo pérdidas por fricción en la tubería porque no hay ninguna válvula ni elemento que genere pérdidas localizadas.

$$z_A + \frac{P_A}{\gamma} + \frac{V_A{}^2}{2g} = z_B + \frac{P_B}{\gamma} + \frac{V_B{}^2}{2g} + h_f$$

$$150 = 100 + \frac{p_B}{\gamma} + h_f \rightarrow h_f = 50 - \frac{p_B}{\gamma}$$

Como la presión mínima que debemos garantizar en B es de 30 mca, las pérdidas máximas que me puedo permitir en la tubería son de 20 mca. Calculamos el diámetro con la ecuación de Darcy-Weisbach porque ya conocemos las pérdidas máximas que se pueden dan en la tubería:

$$h_f = \frac{8fL}{\pi^2 D^5 g} Q^2 \qquad\qquad 20mca = \frac{8f2000}{\pi^2 D^5 9.81} 0.1^2 \qquad\qquad (ec\ 1)$$

(Si desarrollamos los cálculos de la ec 1, entonces:)

$$D = 0.6073\sqrt[5]{f} \qquad (ec\ 1')$$

Lo conocemos todo menos f. Como f depende de la rugosidad y de Reynolds, y el valor de Reynolds depende del diámetro, debemos iterar:

El valor de f, lo calculamos con la ecuación de White- Colebrook:

$$\frac{1}{\sqrt{f}} = -2\log\left(\frac{\varepsilon}{3.7D} + \frac{2.51}{Re\sqrt{f}}\right)$$

$$\frac{1}{\sqrt{f}} = -2\log\left(\frac{0.2mm}{3.7 \cdot Dmm} + \frac{2.51}{Re\sqrt{f}}\right) \qquad (ec\ 2)$$

$$Re = \frac{vD}{v} = \frac{(\frac{Q}{A})D}{v}$$

$$Re = \frac{(\frac{Q}{A})D}{v} = \frac{\left(\frac{0.1}{\pi \cdot \frac{D^2}{4}}\right)D}{1.1 \cdot 10^{-6}} = \frac{115749,049}{D} \qquad (ec\ 3)$$

Ya tenemos las tres ecuaciones que necesitamos para iterar el valor del factor de fricción:

Empezamos por un valor de f, por ejemplo, de 0.016:

f	D (de la ec 1)	Re (de la ec 3)	f' (de la ec 2)*
0.016	0.265 m	436788.86	0.0192
0.0192	0.275 m	420905.63	0.0190
0.0190	0.275 m	420905.63	0.0190

Repetimos en la tabla anterior tantas veces como sea necesario hasta que f sea igual a f' (hasta el cuarto decimal). Cuando coincida entonces, ese es el valor del factor de fricción (f=0.0190)

A partir de este valor de f calculamos D (que ya lo hemos calculado en la tabla):

$$20mca = \frac{8 \cdot 0.0190 \cdot 2000}{\pi^2 D^5 9.81}0.1^2 \quad \rightarrow D = 0{,}275m = \mathbf{275\ mm}$$

Opción 2. Calculando a partir del valor de $Re\sqrt{f}$

Lo que buscamos con esta opción es ahorrarnos cálculos, para ello tenemos que poner nuestra ignóctica (que en este caso es D, en función de $Re\sqrt{f}$)

$$h_f = \frac{8fL}{\pi^2 D^5 g} Q^2 = f \frac{L}{D} \frac{v^2}{2g} \text{ a partir de esta ecuación despejamos } f$$

$$f = \frac{h_f \cdot D \cdot 2g}{v^2 L} \text{ lo conocemos todo menos } D \text{ y } v$$

Como lo que buscamos es la expresión $Re\sqrt{f}$ entonces:

$$Re\sqrt{f} = Re\sqrt{\frac{h_f \cdot D \cdot 2g}{v^2 L}} = \frac{vD}{v}\sqrt{\frac{h_f \cdot D \cdot 2g}{v^2 L}} = \frac{D}{v}\sqrt{\frac{h_f \cdot D \cdot 2g}{L}}$$

Y de aquí lo conocemos todo menos D, pero dejamos la expresión $Re\sqrt{f}$ en función de D:

$$Re\sqrt{f} = \frac{D}{1.1 \cdot 10^{-6}}\sqrt{\frac{20 \cdot D \cdot 2g}{2000}} = 402676{,}99 \cdot D\sqrt{D} \quad (ec\ 4)$$

E iteramos igual que antes, pero con la expresión (4):

f	D (de la ec 1)	$Re\sqrt{f}$ (de la ec 4)	f' (de la ec 2)**
0.016	0.265 m	54932.027	0.0192
0.0192	0.275 m	58138.142	0.0190
0.0190	0.275 m	58081.37	0.0190

**Sustituimos directamente la expresión $Re\sqrt{f}$ en la ecuación de Colebrook y obtenemos el valor de f para el valor calculado de D:

$$\frac{1}{\sqrt{f}} = -2\log\left(\frac{0.2mm}{3.7 \cdot 265mm} + \frac{2.51}{54932.027}\right) \qquad (ec\ 2)$$

Repetimos en la tabla anterior tantas veces como sea necesario hasta que f sea igual a f' (hasta el cuarto decimal). Cuando coincida entonces, ese es el valor del factor de fricción (f=0.0190)

A partir de este valor de f calculamos D (que ya lo hemos calculado en la tabla):

$$20mca = \frac{8 \cdot 0.0190 \cdot 2000}{\pi^2 D^5 9.81} 0.1^2 \quad \rightarrow D = 0{,}275m = \textbf{275 mm}$$

Problema 4

Se cuenta con la instalación de distribución de agua que se muestra en la figura. Para el estado de las válvulas mostrado en la figura, el caudal que circula por la instalación es de 90m³/h. En el esquema se indican los diámetros de las tuberías y sus longitudes, así como las cotas en los nudos, y el funcionamiento de los elementos (dos válvulas de regulación y un codo).

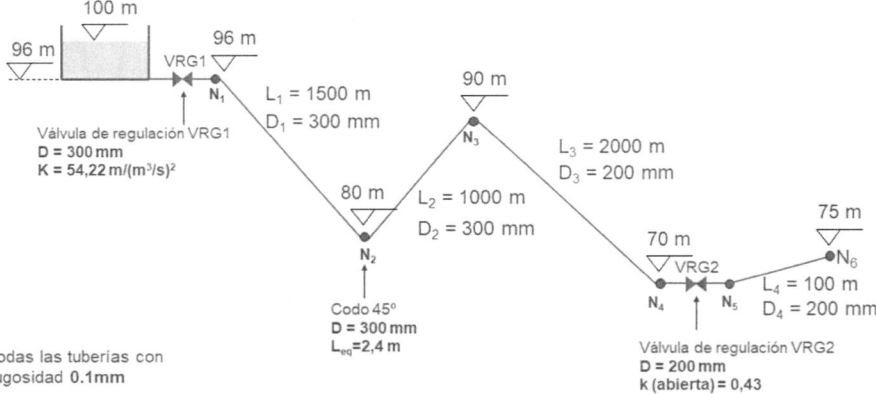

Determinar:

a) Cuál es el valor del factor de fricción para las tuberías de 300 mm y para las de 200 mm, a partir del ábaco de Moody, la ecuación de Swamme-Jain y la ecuación de Colebrook:

$$f_1 = f_2 = 0.0199;\ 0.0198;\ 0.0197$$

$$f_3 = f_4 = 0.0195;\ 0.0194;\ 0.0194$$

b) Calcular la presión que se obtendrá en el nudo final de la instalación N6, para las condiciones de funcionamiento que muestra la figura:

$$\frac{P_6}{\gamma} = 17.28 mca$$

c) Dibuja para las condiciones de funcionamiento que se muestran en la figura, la línea de alturas geométricas, piezométricas y totales de la instalación (mostrando claramente las diferentes pendientes)

d) Si ahora se cierra parcialmente la válvula de regulación VRG2, que inicialmente estaba abierta, a 25º de apertura. Determinar cuál será la nueva presión en el nudo N6, si el caudal que circula por la instalación se mantiene constante. Teniendo en cuenta que el gráfico de pérdidas (coeficiente de pérdidas en función del grado de apertura de la válvula) para esa válvula es el que se muestra a continuación:

$$\frac{P_6}{\gamma} = 16.038 \ mca$$

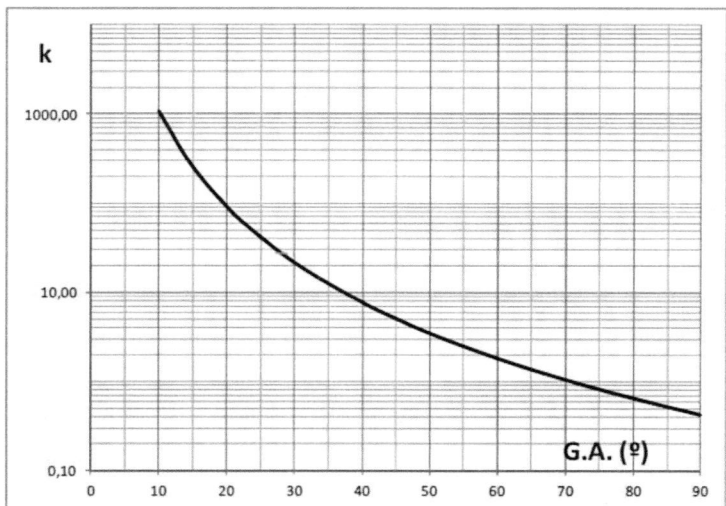

Solución

Apartado a)

Calculamos el factor de fricción para las tuberías teniendo en cuenta, que como el caudal que circula por todas es el mismo (ecuación de continuidad), y la rugosidad absoluta de todas ellas es la misma, el factor de fricción será el mismo para todas las tuberías del mismo diámetro (pues la velocidad de circulación será la misma).

Por el <u>ábaco de Moody</u>, se requiere conocer el valor de la rugosidad relativa, y del número de Reynolds.

$$\varepsilon_{r1} = \frac{\varepsilon_1}{D_1} = \frac{0.1 \ mm}{300 \ mm} = 3.33 \cdot 10^{-4} = 0.00033; \quad \varepsilon_{r2} = \frac{\varepsilon_2}{D_2} = \frac{0.1 \ mm}{200 \ mm} = 5 \cdot 10^{-4} = 0.0005$$

$$v_1 = \frac{Q_1}{A_1} = \frac{\dfrac{90m^3}{h} \cdot \dfrac{1h}{3600s}}{\pi 0.3^2/4} = 0.3536 \frac{m}{s}; \quad v_2 = \frac{Q_2}{A_2} = \frac{\dfrac{90m^3}{h} \cdot \dfrac{1h}{3600s}}{\pi 0.2^2/4} = 0.796 \frac{m}{s}$$

$$Re_1 = \frac{v_1 D_1}{\nu} = \frac{0.3536 \cdot 0.3}{1.1 \cdot 10^{-6}} = 96436.36; \quad Re_2 = \frac{v_2 D_2}{\nu} = \frac{0.796 \cdot 0.2}{1.1 \cdot 10^{-6}} = 144727.27$$

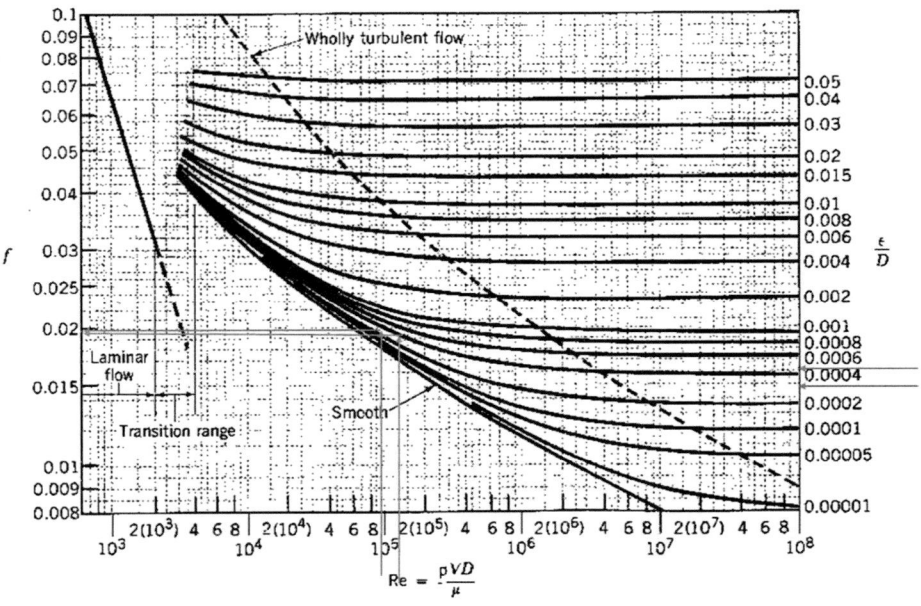

Por tanto (y a ojo):

$$f_1 = 0.0199; \quad f_1 = 0.0195;$$

Por la ecuación de <u>Swamme-Jain</u>:

$$f = \frac{0.25}{log\left(\dfrac{\varepsilon}{3.7D} + \dfrac{5.74}{Re^{0.9}}\right)^2}$$

$$f_1 = \frac{0.25}{log\left(\dfrac{0.1mm}{3.7 \cdot 300mm} + \dfrac{5.74}{96436.36^{0.9}}\right)^2} = 0.0198;$$

$$f_2 = \frac{0.25}{log\left(\dfrac{0.1mm}{3.7 \cdot 200mm} + \dfrac{5.74}{144727.27^{0.9}}\right)^2} = 0.01955;$$

Por la ecuación de <u>Colebrook</u>:

$$\frac{1}{\sqrt{f}} = -2log\left(\frac{\varepsilon}{3.7D} + \frac{2.51}{Re \cdot \sqrt{f}}\right)$$

Para el diámetro mayor:

$$\frac{1}{\sqrt{f}} = -2log\left(\frac{0.1mm}{3.7 \cdot 300mm} + \frac{2.51}{96436.36 \cdot \sqrt{f}}\right)$$

O bien se resuelve directamente con la calculadora (si se puede y se sabe) o bien se resuelve la ecuación anterior iterando:

$$si\ f = 0.02;\ \frac{1}{\sqrt{f}} = -2log\left(\frac{0.1mm}{3.7 \cdot 300mm} + \frac{2.51}{96436.36 \cdot \sqrt{0.02}}\right) \rightarrow f = 0.0197$$

$$si\ f = 0.0197;\ \frac{1}{\sqrt{f}} = -2log\left(\frac{0.1mm}{3.7 \cdot 300mm} + \frac{2.51}{96436.36 \cdot \sqrt{0.0197}}\right) \rightarrow f = 0.0197$$

Por tanto, y repitiendo el mismo proceso para la tubería de 200mm:

$$f_1 = 0.0197;\ f_2 = 0.0194$$

Apartado b)

Para calcular la presión en el nudo N6, planteamos Bernoulli entre el inicio de la instalación (el depósito) y el nudo final.

$$\frac{P_1}{\gamma} + z_1 + \frac{v_1^2}{2g} + h_B = \frac{P_6}{\gamma} + z_6 + \frac{v_6^2}{2g} + h_{f1-6} + h_{m1-6}$$

Necesitamos calcular las pérdidas de carga totales que hay entre ambos puntos, por un lado, el total de las pérdidas fricción en las tuberías, y por otro, el total de las pérdidas localizadas en todos los elementos que se indican que hay desde el depósito hasta el nudo 6.

Para calcular las pérdidas por fricción, planteamos la ecuación de Darcy-Weisbach:

$$h_{f1-6} = h_{fL1} + h_{fL2} + h_{fL3} + h_{fL4}$$
$$= \frac{8f_1L_1}{\pi^2 D_1^5 g}Q_1^2 + \frac{8f_2L_2}{\pi^2 D_2^5 g}Q_2^2 + \frac{8f_3L_3}{\pi^2 D_3^5 g}Q_3^2 + \frac{8f_4L_4}{\pi^2 D_4^5 g}Q_4^2$$

Como el caudal que circula por todas las tuberías es el mismo, y los diámetros de las tuberías 1 y 2, y 3 y 4 son los mismos, el factor de fricción para ambas también será el mismo (tal como ya hemos visto antes), podemos agrupar las pérdidas:

$$h_{f1-6} = \left(\frac{8f_1(L_1 + L_2)}{\pi^2 D_1^5 g} + \frac{8f_3(L_3 + L_4)}{\pi^2 D_3^5 g}\right)Q^2$$

$$h_{f1-6} = \left(\frac{8 \cdot 0.0197 \cdot 2500}{\pi^2 \cdot 0.3^5 \cdot g} + \frac{8 \cdot 0.0194 \cdot 2100}{\pi^2 \cdot 0.2^5 \cdot g}\right)0.025^2 = 7.637mca$$

Calculamos ahora las pérdidas menores o localizadas:

$$h_{m1-6} = h_{mVRG1} + h_{mCODO} + h_{mVRG2}$$

Las pérdidas para la primera válvula (VRG1), como el coeficiente de pérdidas en la válvula que nos dan como dato es el coeficiente en función del caudal (porque tiene las unidades correspondientes):

$$h_{mVRG1} = k\frac{v^2}{2g} = K \cdot Q^2 = 54.22 \cdot 0.025^2 = 0.0339 \; mca$$

En el codo, se indica que tiene una longitud equivalente de 2.4 m, esto significa que es como si la tubería en la que se encuentra (la de 300 mm) tuviera 2.4 metros más de longitud, y por tanto las pérdidas de carga que se generan en el codo son equivalentes a las pérdidas por fricción que se generarían en una tubería de ese diámetro y de longitud 2.4 m:

$$h_{mCODO} = \frac{8fL}{\pi^2 D^5 g} Q^2 = \frac{8 \cdot 0.0197 \cdot 2.4}{\pi^2 \cdot 0.3^5 \cdot g} 0.025^2 = 0.001 mca$$

Las pérdidas de carga en el codo, a la vista del resultado, son muy pequeñas, por eso en la mayoría de casos éstas de desprecian, o se incrementa la longitud de todas las tuberías un porcentaje (15-30%) para contemplar todas las posibles pérdidas en elementos que no se calculan de forma independiente.

La segunda válvula de regulación (VRG2), aunque está abierta (tal como se indica en el esquema) genera pérdidas. Para la válvula totalmente abierta el coeficiente de pérdidas adimensional se indica que tiene un valor de 0.43, por tanto:

$$h_{mVRG2} = k\frac{v^2}{2g} = 0.43 \frac{\left(\dfrac{0.025}{\pi \cdot 0.2^2}\right)^2}{2g} = 0.014 mca$$

Por tanto, las pérdidas menores para toda la instalación:

$$h_{m1-6} = h_{mVRG1} + h_{mCODO} + h_{mVRG2} = 0.0339 + 0.001 + 0.014 = 0.0489 \; mca$$

Una vez calculadas todas las pérdidas de carga en la instalación, sólo resta aplicar Bernoulli para calcular la presión en el nudo N6:

$$\frac{P_1}{\gamma} + z_1 + \frac{v_1^2}{2g} + h_B = \frac{P_6}{\gamma} + z_6 + \frac{v_6^2}{2g} + h_{f1-6} + h_{m1-6}$$

Teniendo en cuenta que la presión en 1 es cero, pues es un depósito y por tanto se encuentra a presión atmosférica. La cota del depósito, es la de la lámina de agua, es decir donde existe energía disponible (no la de la solera de éste). La velocidad en 1, aunque no es cero es muy muy pequeña con respecto al resto de términos, pues el diámetro del depósito será muy grande, por tanto, la velocidad será tan pequeña que la podemos suponer cero. La velocidad en 6, tampoco es cero, pero el término cinético de la ecuación de Bernoulli, vale en este caso (con una velocidad de 0.79 m/s; $\frac{v_6^2}{2g}$=0.032mca) despreciable frente al resto de términos pues el término geométrico ya vale 75 m, por tanto, podríamos despreciar el término cinético. Con todo esto:

$$0 + 100 + 0 + 0 = \frac{P_6}{\gamma} + 75 + 0.032 + 7.637 + 0.0489$$

$$\frac{P_6}{\gamma} = 17.28mca$$

Apartado c)

Dibujamos sobre el esquema la línea de energías totales. La líneas de alturas piezométrica será perpendicular a ésta y prácticamente igual, ya que la única diferencia entre ambas es el termino cinético, que como ya hemos visto tiene un valor muy pequeño.

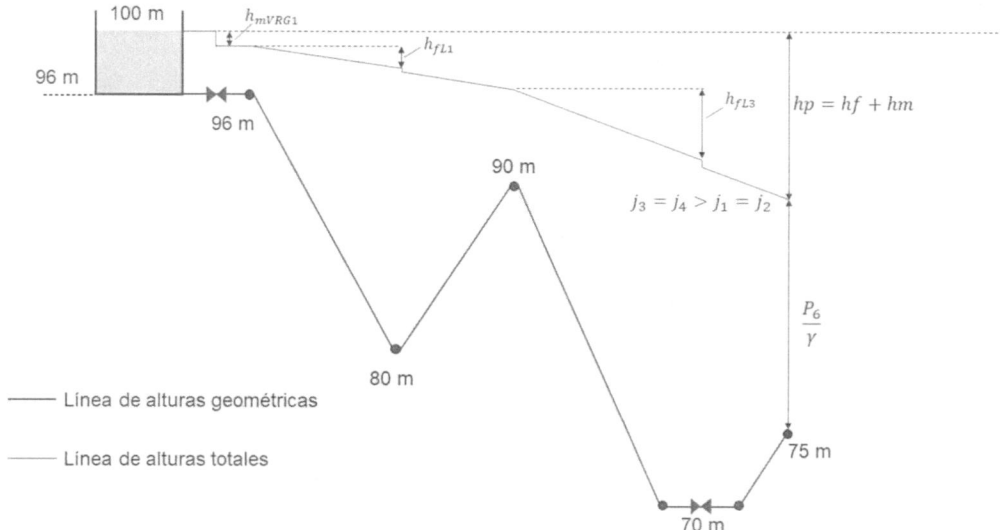

Apartado d)

Si la válvula, que inicialmente se encontraba abierta, se cierra hasta los 25° de apertura, el coeficiente de pérdidas de ésta que inicialmente valía 0.43 (válvula totalmente abierta, a 90° de apertura) varía hasta k=40

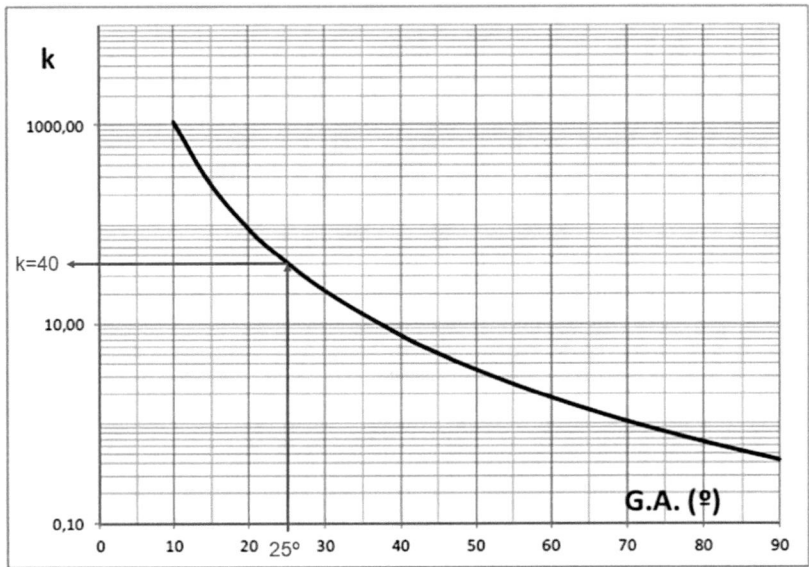

Aplicando de nuevo Bernoulli entre el depósito y el nudo 6:

$$\frac{P_1}{\gamma} + z_1 + \frac{v_1^2}{2g} + h_B = \frac{P_6}{\gamma} + z_6 + \frac{v_6^2}{2g} + h_{f1-6} + h_{m1-6}$$

Como nos indican que el caudal no cambia, entonces las pérdidas por fricción que dependen del caudal tampoco lo hacen, y las pérdidas en la primera válvula y en el codo tampoco lo hacen. El único cambio son las pérdidas en la válvula VRG2, que ahora se encuentra más cerrada y por tanto introduce más pérdidas:

$$h_{mVRG2} = k\frac{v^2}{2g} = 40\frac{\left(\frac{0.025}{\pi \cdot 0.2^2}\right)^2}{2g} = 1.29mca$$

Por tanto, la presión en 6, vale:

$$0 + 100 + 0 + 0 = \frac{P_6}{\gamma} + 75 + 7.637 + (0.0339 + 0.001 + 1.29)$$

$$\frac{P_6}{\gamma} = 16.038\ mca$$

Problema 5

Una tubería de distribución alimenta a dos depósitos, tal como indica la figura. Inicialmente las válvulas V2 y V3 están totalmente abiertas. Se pide:

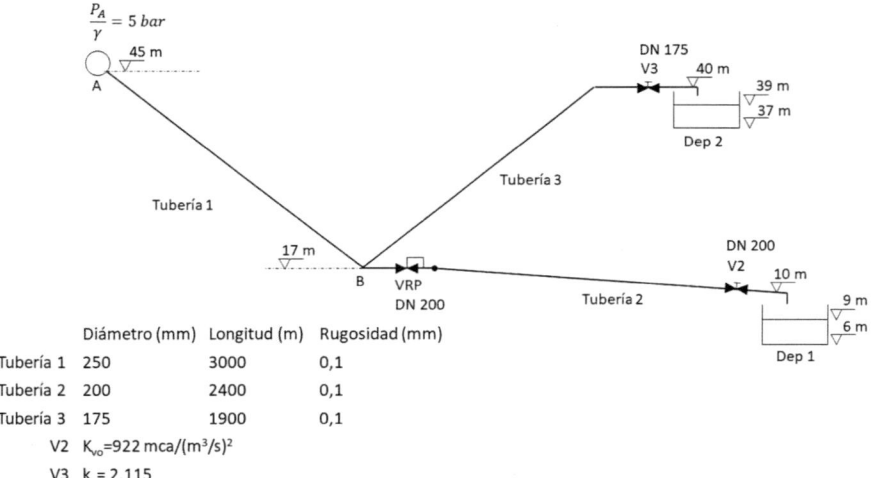

	Diámetro (mm)	Longitud (m)	Rugosidad (mm)
Tubería 1	250	3000	0,1
Tubería 2	200	2400	0,1
Tubería 3	175	1900	0,1
V2	K_{vo}=922 mca/(m³/s)²		
V3	k_o= 2,115		

a) Presión de tarado de la VRP (Válvula reductora de presión) para que por la tubería 2 circulen 35 l/s:

$$P_{tarado} \text{ VRP}=8.4 \text{ mca}$$

b) Si fijando una presión de tarado de la VRP (presión a la salida de la válvula) de 25 mca, se conoce que ésta introduce 15 mca de pérdidas. Calcula el caudal que circula en esas circunstancias por la tubería 1.

$$\text{Caudal} = 94.64 \text{ l/s}$$

c) Si en estas condiciones de funcionamiento de la VRP, se desea que el caudal que circule por la tubería 3 sea de 25 l/s, determina el coeficiente de pérdidas adimensional que debería tener la válvula V3.

$$k\ (V3) = 96.95$$

d) Para que el sistema funcione correctamente se requiere que el caudal que circule por la tubería 2 sea de 50 l/s, y el de la tubería 3 de 40 l/s. Se tara la VRP para garantizar esta situación, y se abren completamente las válvulas V2 y V3. En el caso que la tubería 1, no fuera capaz de garantizar esta situación, calcular el diámetro teórico de la tubería 1 que garantizaría la situación descrita.

$$D_{teórico} =263 \text{ mm}$$

Notas: determinar todos los factores de fricción por la expresión de White-Colebrook. Viscosidad cinemática del agua 1,1·10⁻⁶m²/s. Despreciar los términos cinéticos

Solución

Apartado a)

Se solicita la presión de tarado en la VRP, es decir, la presión que fijará la válvula a su salida. Fijar la consigna de la válvula, implica fijar la presión (y por tanto la altura piezométrica, conocida la cota) al inicio de la tubería 2. Lo que ocurra aguas arriba de la válvula no es importante, ni condicionará el resultado (siempre y cuando la válvula sea capaz de reducir la presión al valor de consigna, y se suponen que las condiciones del ejercicio están definidas para que sea así).

Por tanto, aplicamos Bernoulli entre B' (punto de salida de la válvula) y el depósito 1.

$$\frac{P_{B'}}{\gamma} + z_{B'} + \frac{v_{B'}^2}{2g} + h_B = \frac{P_{D1}}{\gamma} + z_{D1} + \frac{v_{D1}^2}{2g} + h_{fL2} + h_{mV2}$$

La velocidad en B' y en D1 (a la salida de la tubería 2) son iguales, pues el caudal que circula es el mismo y la sección es la de la propia tubería, por tanto, se pueden anular. La presión en D1, justo a la salida de la tubería 2 (el chorro que cae al depósito y que lo llena por su parte superior, tal como indica el esquema) será la presión atmosférica, por tanto, presión relativa 0. Y las pérdidas menores en todo el tramo que va desde la salida de la VRP hasta el depósito 1, sólo se deben a la válvula V2, que, aunque totalmente abierta, también genera pérdidas, con lo que la ecuación de Bernoulli queda:

$$\frac{P_{B'}}{\gamma} + z_{B'} = z_{D1} + \frac{8f_2L_2}{\pi^2 D_2^5 g} Q^2 + K_{vo} Q^2$$

Donde ya se conoce todo, a excepción del factor de fricción en la tubería 2, pero que se calcula directamente pues se conoce Reynolds (a partir del valor de la velocidad (caudal y diámetro), y la rugosidad) con la ecuación de Colebrook:

$$\frac{1}{\sqrt{f}} = -2log\left(\frac{\varepsilon}{3.7D} + \frac{2.51}{Re \cdot \sqrt{f}}\right)$$

$$v_2 = \frac{Q_2}{A_2} = \frac{0.035}{\pi \cdot 0.2^2/4} = 1.11; \; Re_2 = \frac{v_2 D_2}{\nu} = \frac{1.11 \cdot 0.2}{1.1 \cdot 10^{-6}} = 202560.84$$

$$\frac{1}{\sqrt{f}} = -2log\left(\frac{0.1mm}{3.7 \cdot 200mm} + \frac{2.51}{202560.84 \cdot \sqrt{f}}\right)$$

O bien se resuelve directamente con la calculadora (si se puede y se sabe) o bien se resuelve la ecuación anterior iterando:

$$si \; f = 0.018; \; \frac{1}{\sqrt{f}} = -2log\left(\frac{0.1mm}{3.7 \cdot 200mm} + \frac{2.51}{202560.84 \cdot \sqrt{f}}\right) \rightarrow f = 0.018837$$

$$si \; f = 0.018837; \; \rightarrow f = 0.018796 \rightarrow f = 0.018798$$

El valor del factor de fricción en la tubería 2, para un caudal de 35 l/s y un diámetro de 200 mm, es de 0.0188. Con lo que la presión necesaria B' será:

$$\frac{P_{B'}}{\gamma} + 17 = 10 + \frac{8 \cdot 0.0188 \cdot 2400}{\pi^2 0.25^5 g} 0.035^2 + 922 \cdot 0.035^2$$

$$\frac{P_{B'}}{\gamma} = 8.4 \ mca$$

Por tanto, para garantizar el caudal de 35 l/s por la tubería 2, se requiere que la altura al inicio de ésta sea de (8.4+17=25.4 m). Por tanto, en el caso que la presión a la entrada de válvula (por las condiciones de funcionamiento aguas arriba de ésta) fuera superior a 8.4 mca, la válvula (introduciendo las pérdidas de carga necesarias) reduciría su valor al calculado. Ten en cuenta, que, si no estuviera la VRP, y la presión al inicio de la tubería 2 fuera mayor, entonces el caudal que circularía por ésta sería más grande que 35 l/s.

Apartado b)

Si conocemos la presión de tarado de la VRP, y las pérdidas de carga en ésta, conocemos la presión en el punto B, es decir al final de la tubería 1.

$$\frac{P_B}{\gamma} = \frac{P_{B'}}{\gamma} + h_{mVRP} = 25 + 15 = 40 \ mca$$

Aplicando Bernoulli entre A y B:

$$\frac{P_A}{\gamma} + z_A + \frac{v_A^2}{2g} + h_B = \frac{P_B}{\gamma} + z_B + \frac{v_B^2}{2g} + h_{fL1} + h_m$$

No hay bomba, ni ningún elemento en el camino de A a B (es decir en la tubería 1) y por tanto las pérdidas menores son cero. Se conoce la presión en A (5bar = 5·10⁵Pa = 5·10⁵Pa (1mca/9810 Pa) = 50.97 mca; o bien 5bar≈50mca). De nuevo las velocidades se anulan pues justo en B (antes de que se bifurquen las dos tuberías) el caudal es el mismo que en A, y por tanto como se trata de la misma tubería (mismo diámetro) es la misma velocidad. La ecuación de Bernoulli queda;

$$\frac{P_A}{\gamma} + z_A = \frac{P_B}{\gamma} + z_B + \frac{8f_1 L_1}{\pi^2 D_1^5 g} Q^2$$

$$50.97 + 45 = 40 + 17 + \frac{8f_1 3000}{\pi^2 0.25^2 g} Q^2 \quad \text{(ec. 1)}$$

Donde se conoce todo menos el caudal y el factor de fricción en la tubería 1 ($h_{fL1} = 38.97$ mca). En este caso el factor de fricción en 1 no se puede calcular, pues éste depende de Re, y Re lo hace de la velocidad y la velocidad del caudal, que se desconoce, por tanto, empezamos suponiendo un valor para una de las dos incógnitas (Q o f1) y resolvemos un proceso iterativo. Dado que el valor de f está más acotado (que el caudal), empezamos la iteración asignando un valor a f:

f inicial	Q (l/s) (de la ec.1)	v (m/s) $\left(\frac{Q}{A}\right)$	Re $\left(\frac{v_2 D_2}{v}\right)$	f final (Ec. Colebrook)
0.018	92.366 l/s	1.882	427651.06	0.01717
0.01717	94.754 l/s	1.93	438707.42	0.01714
0.01714	94.64 l/s	1.93	438179.60	0.01714

Por tanto, el caudal que produce unas pérdidas en la tubería L1 de 38.97 mca, es 94.64 l/s.

Apartado c)

En esas condiciones de funcionamiento, la presión en el punto B (final de la tubería 1 e inicio de la tubería 3) es conocida y de valor (40 mca).

Aplicando Bernoulli entre B y D2:

$$\frac{P_B}{\gamma} + z_B + \frac{v_B^2}{2g} + h_B = \frac{P_{D2}}{\gamma} + z_{D2} + \frac{v_{D2}^2}{2g} + h_{fL3} + h_{mV3}$$

No hay bomba, y las pérdidas menores en el camino de B al Depósito 2 (es decir en la tubería 3) se corresponden sólo con las pérdidas en la válvula 3. Se conoce la presión en B, y la presión en D2, justo a la salida de la tubería 2 (el chorro que cae al depósito y que lo llena por su parte superior, tal como indica el esquema) será la presión atmosférica, por tanto, presión relativa 0. De nuevo las velocidades se anulan. La ecuación de Bernoulli queda;

$$\frac{P_B}{\gamma} + z_B = z_B + \frac{8 f_3 L_3}{\pi^2 D_3^5 g} Q^2 + h_{mV3}$$

Como se conoce el caudal, y el diámetro de la tubería 3, se puede calcular directamente el valor del factor de fricción (f_3=0.0195). Se calculan las pérdidas de carga en la válvula V3, cuando el caudal que circula por la tubería 3, sea de 25 l/s.

$$40 + 17 = 40 + 11.662 + h_{mV3}$$

$$h_{mV3} = 5.338 \, mca$$

Por tanto:

$$h_{mV3} = 5.338 \, mca = k \frac{v^2}{2g} = k \frac{(\frac{0.025}{\pi \cdot 0.175^2/4})^2}{2g}$$

Con lo que el coeficiente adimensional de pérdidas en la válvula 3 para que el caudal que circule por la tubería 3 sea de 25 l/s, será:

$$k = 96.95$$

Apartado d)

Si por la tubería 2 deben circular 50 l/s y por la tubería 3, 40 l/s, por la tubería 1, necesariamente (por la ecuación de continuidad) deben circular 50+40 = 90 l/s. Si se abren complemente las válvulas 2 y 3, se pueden calcular las pérdidas de carga que se darán en cada una (pues se conoce el caudal que circula por ellas y el coeficiente de pérdidas a válvula totalmente abierta). Se puede aplicar Bernoulli entre A y el depósito 1 o entre A y el depósito 2, teniendo en cuenta que el objetivo es calcular el diámetro de la tubería 1.

Si aplicáramos Bernoulli entre A y el depósito 1, desconoceríamos las pérdidas en la VRP, pues sabemos que está regulando, pero se desconoce las pérdidas que se producen en ella. Por tanto, aplicamos Bernoulli entre A y el depósito 2:

$$\frac{P_A}{\gamma} + z_A + \frac{v_A^2}{2g} + h_B = \frac{P_{D2}}{\gamma} + z_{D2} + \frac{v_{D2}^2}{2g} + h_{fL1} + h_{fL3} + h_{mV3}$$

Donde lo conocemos todo a excepción de las pérdidas por fricción en la tubería 1 (pues desconocemos su diámetro). En este caso, las velocidades en A (inicio de la tubería 1) y en D2 (final de la tubería 3) ya no son iguales, pues ni circula el mismo caudal ni tienen el mismo diámetro, pero, el enunciado nos indica que despreciemos los términos cinéticos, si no los despreciáramos, no pasaría nada, pues o se puede calcular la velocidad o se puede dejar en función del diámetro, y luego obtenerla.

Calculamos primero el factor de fricción en la tubería 3, pues conocemos la velocidad (caudal (40 l/s) y sección (175 mm)) y su rugosidad, con la ecuación de Colebrook, obtenemos que el valor de f_3 es 0.01876:

$$50.97 + 45 = 40 + h_{fL1} + \frac{8 \cdot 0.01876 \cdot 1900}{\pi^2 0.175^2 g} 0.04^2 + 2.115 \frac{(\frac{0.040}{\pi \cdot 0.175^2/4})^2}{2g}$$

$$h_{fL1} = 26.96 \, mca = \frac{8 f_1 L_1}{\pi^2 D_1^5 g} Q^2 \quad (ec. 2)$$

Por tanto, conocemos las pérdidas por fricción máximas que pueden darse en la tubería 1, para garantizar los caudales exigidos. En este caso, a pesar de conocer las pérdidas por fricción máximas, desconocemos el diámetro, y el factor de fricción, donde el factor de fricción depende del número de Re, y éste de la velocidad, y la velocidad del diámetro, por tanto, una incógnita depende de la otra. De nuevo, entramos en un proceso iterativo para llegar a la solución. Podemos iniciar con un valor inicial de diámetro o de f, dado que el valor de f se encuentra más acotado, comenzaremos dando un valor a f:

f inicial	D (m) (de la ec.2)	v (m/s) $\left(\frac{Q}{A}\right)$	Re $\left(\frac{v_2 D_2}{v}\right)$	f final (Ec. Colebrook)
0.018	0.266	1.615	391117.49	0.01711
0.01711	0.263	1.648	395107.88	0.01712
0.01712	0.263	1.648	395062.93	0.01712

Por tanto, el diámetro mínimo que garantice los caudales que se solicitan es de 263 mm.

Capítulo 8
Flujo a presión. Cálculos complejos

8.1 Resultados de aprendizaje

Conocidos los conceptos básicos de flujo a presión, se definen nuevas metodologías de trabajo para abordar el estudio de redes ramificadas y malladas, así como el dimensionado de las mismas y/o la interconexión con diferentes depósitos. Los resultados de aprendizaje a alcanzar en este capítulo son:

-   Determinar diámetros internos en redes ramificadas

-   Estimar valores de cotas piezométricas

-   Calcular la altura de inyección por grupos de bombeo

8.2 Objetos de aprendizaje de ayuda para la adquisición de los resultados de aprendizaje

A continuación, se adjuntan los objetos de aprendizaje que pueden ser de utilidad para alcanzar los resultados de aprendizaje establecidos en el apartado anterior.

POLIMEDIA	LINK	CÓDIGO QR
Flujo a presión. Conducciones en serie	http://hdl.handle.net/10251/179721	
Flujo a presión. Conducciones en paralelo	http://hdl.handle.net/10251/179725	
Flujo a presión. Diseño de redes siendo la altura conocida	http://hdl.handle.net/10251/179720	
Flujo a presión. Diseño de redes siendo la altura desconocida	http://hdl.handle.net/10251/179726	

8.3 Problemas

Problema 1

En el esquema de la figura se observa una red ramificada en la cual, en las tablas adjuntas, se conocen la cota y consumos de cada nudo, así como la longitud, diámetro interior y rugosidad absoluta de la conducción. Se pide:

a) Determinar la presión en el nudo 3

$$\frac{P_3}{\gamma} = 107.41 \ mca$$

b) Suponiendo que la cota piezométrica en 7 es 150 mca, ¿Cuál debe ser el coeficiente de caudal de la válvula (Kv) para que la presión en el nudo 8 sea 40 mca? ¿cuál será el valor de su coeficiente adimensional de pérdidas?

$$K_v = 112000 \frac{mca}{\left(\frac{m^3}{s}\right)^2}; \ k = 2166.58$$

c) Determinar el diámetro teórico que tendría que tener la línea 01 para que la presión en el nudo 1 sea 145 mca si se mantuviese las demandas de los nudos

$$D_t = 416.4 \ mm$$

d) ¿Cuál es la pendiente hidráulica de la línea 46?

$$j = 8.72 m/km$$

Nota: no considerar los términos cinéticos y tomar viscosidad cinemática del agua 1.1·10⁻⁶ m²/s

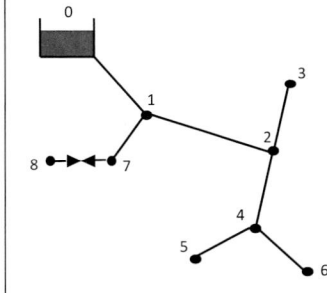

NODO	COTA (m)	DEMANDA (l/s)
0	160	
1	5	10
2	22	15
3	30	10
4	15	25
5	17	30
6	35	20
7	30	30
8	40	25

LINEA	LONGITUD m	DIAMETRO mm	RUGOSIDAD mm
L01	3500	500	0.1
L12	1500	350	0.1
L23	2500	125	0.1
L24	2300	300	0.1
L45	1000	200	0.1
L46	2000	150	0.1
L17	1300	250	0.1
VR78	--	200	Kv= ?

Solución

Apartado a)

Aplicando la ecuación de continuidad, conservación de masa y las expresiones de Darcy-Weisbach y White Colebrook, se puede determinar tanto el caudal circulante (Q) por cada línea, así como las pérdidas por fricción

LINEA	Q (m^3/s)	D (m)	V (m/s)	Re	$\square$ /D	f	L	hr (m)
L01	0.165	0.5	0.840	381971.86	0.0002	0.0158	3500	3.99
L12	0.1	0.35	1.039	330711.57	0.0002857	0.0167	1500	3.94
L23	0.01	0.125	0.815	92599.24	0.0008	0.0217	2500	14.66
L24	0.075	0.3	1.061	289372.62	0.0003333	0.0172	2300	7.59
L45	0.03	0.2	0.955	173623.57	0.0005	0.0191	1000	4.43
L46	0.02	0.15	1.132	154332.07	0.0006667	0.0201	2000	17.46
L17	0.055	0.25	1.120	254647.91	0.0004	0.0179	1300	5.94
VR78	0.025	0.25	0.509	115749.05	0.0004	0.0195		0.00

Aplicando Bernoulli entre el punto 0 y 3, se puede determinar la presión en el nudo 3

$$\frac{P_3}{\gamma} = z_0 - z_3 - h_{r_{01}} - h_{r_{12}} - h_{r_{23}} = 160 - 30 - 3.99 - 3.94 - 14.66 = 107.41 \ mca$$

Apartado b)

Si la cota piezométrica en 7 es igual a 150 mca, la cota en el nudo 8 es 40 m y la presión mínima son 40 mca, por tanto, las pérdidas de carga introducidas por la válvula serán

$$h_s = H_7 - H_8 = 150 - 80 = 70 \ mca$$

El coeficiente Kv de la válvula vendrá definido por la expresión

$$h_s = K_v Q^2 \rightarrow K_v = \frac{70}{0.025^2} = 112000 \ \frac{mca}{\left(\frac{m^3}{s}\right)^2}$$

Si el diámetro es 200 mm, el coeficiente adimensional de la válvula será

$$h_s = \frac{8kQ^2}{\pi^2 g D^4} \rightarrow k = 2166.59$$

Apartado c)

Si se puede establecer una presión en el nudo 1 de 145 mca, la pérdida de carga admisible será igual a

$$B_0 = B_1 + h_{r_{01}} \rightarrow h_{r_{01}} = 160 - 145 - 5 = 10 \, mca$$

Por tanto, teniendo en cuenta que el caudal circulante son 0.165 m3/s y las pérdidas admisibles son 10 mca, se puede establecer el proceso iterativo mediante el empleo de la ecuación de Darcy-Weisbach y White-Colebrook

$$h_r = \frac{8fLQ^2}{\pi^2 g D^5} \rightarrow D = \left(\frac{8fLQ^2}{\pi^2 g h_r}\right)^{\frac{1}{5}}$$

$$\frac{1}{\sqrt{f}} = -2\log(\frac{2.51}{Re\sqrt{f}} + \frac{k}{3.7D})$$

f_0	Dt (m)	V (m/s)	ε/D	Re	f_1
0.0150	0.4116	1.2402	0.000243	464036	0.0159
0.0159	0.4164	1.2116	0.000240	458649	0.01589
0.01589	0.4164	1.2118	0.000240	458694	0.01589

Apartado d)

En el apartado a) se determinó las pérdidas de carga de la línea 46 (17.46 mca) así como su longitud (2000 m). Por tanto, por definición, la pendiente hidráulica será

$$j = \frac{h_{r_{46}}}{L_{46}} = \frac{17.46}{2} = 8.728 \, m/km$$

Problema 2

El esquema de la figura muestra el suministro a un proceso. Desde el depósito D1, se alimenta a otro depósito a través del punto B que vierte directamente al depósito, así como a dos puntos de consumo. El punto de consumo C demanda un caudal de 68 l/s, mientras que el nudo de consumo D demanda un caudal de 45 l/s.

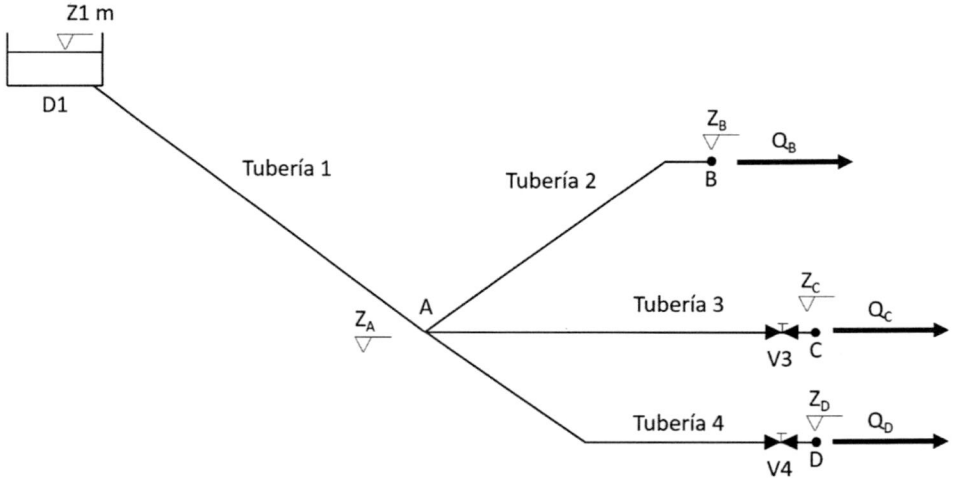

Todos los datos de la instalación se muestran en la tabla:

Tubería	Longitud (m)	Diámetro (mm)	factor de fricción	Nudo	Cota (m)
Tubería 1	2700	¿?		Nudo A	21
Tubería 2	674	374		Nudo B	39
Tubería 3	1426	252	0.01765	Nudo C	16
Tubería 4	1460	237	0.01834	Nudo D	14

La altura de la lámina libre del depósito D1 es 94 m. Ambas válvulas V3 y V4, se encuentran inicialmente abiertas. La válvula V3 tiene un diámetro de 212 mm, y un coeficiente a válvula abierta de $k_o = 4.1$. La válvula V4 tiene un diámetro de 250 mm, y un coeficiente a válvula abierta de $k_o = 1.25$. La rugosidad de todas las tuberías es 0.1mm.

a) Si se conoce que en un momento dado la presión en el punto C es de 22 mca. En esa situación ¿Cuál será la presión en el punto A?

$$\frac{P_A}{\gamma} = 27.23 \ mca$$

b) Para esa misma situación de presión conocida en el punto C, ¿Cuál será el caudal que circula por la tubería de salida del depósito, tubería 1?

$$Q_1 = 392.21 \ l/s$$

c) En otra situación distinta de la instalación, se conoce que el caudal que circula por la tubería 2 es de 279 l/s. Si en esa nueva situación fijamos un diámetro interior para la tubería 1 de 492 mm. Determina cuál debe ser el grado de apertura de la válvula V4 (consultar gráfica), para no superar la presión de 18 mca en el nudo D.

Grado de apertura V4:

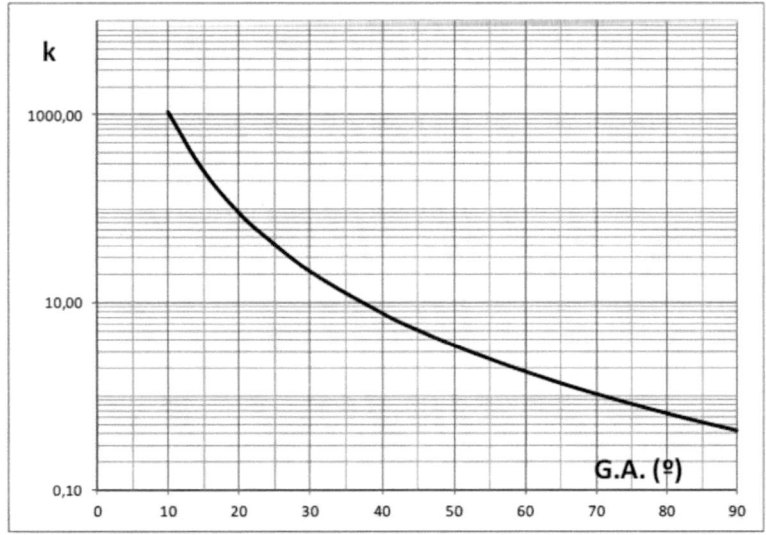

Notas:

Considerar una viscosidad cinemática del agua de $1.1 \cdot 10^{-6} \ m^2/s$

Se pueden despreciar los términos cinéticos de la ecuación de Bernoulli

Solución

Apartado a)

Se pide la presión en A, conociendo la presión en el nudo C de 22 mca. Por tanto, aplicamos Bernoulli entre el punto A y el nudo C de presión conocida.

$$\frac{P_A}{\gamma} + z_A + \frac{v_A^2}{2g} + h_B = \frac{P_C}{\gamma} + z_C + \frac{v_C^2}{2g} + h_{f3} + h_l$$

Despreciamos los términos cinéticos, no hay bomba, por tanto:

$$\frac{P_A}{\gamma} + z_A = \frac{P_C}{\gamma} + z_C + h_{f3} + h_{v3} = \frac{P_C}{\gamma} + z_C + \frac{8 f_3 L_3}{\pi^2 D_3^5 g} Q^2 + k \frac{v^2}{2g}$$

Sustituimos por los valores numéricos, pues lo conocemos todo:

$$\frac{P_A}{\gamma} + 21 = 22 + 16 + \frac{8 \cdot 0.01765 \cdot 1426}{\pi^2 (0.252)^5 g} (0.068)^2 + 4.1 \frac{\left(\dfrac{0.068}{\dfrac{\pi \cdot 0.212^2}{4}}\right)^2}{2g}$$

Por tanto, la presión en A, que supone una presión en C de 22 mca, es:

$$\frac{P_A}{\gamma} = 27.23 \; mca$$

Apartado b)

Aplicamos Bernoulli entre dos puntos de presión conocida, el punto A y el depósito B (al tratarse de un depósito atmosférico, la presión relativa en éste será cero). No podemos calcular Bernoulli entre el depósito 1 y el punto A, pues desconocemos tanto el caudal como el diámetro como el factor de fricción, de la tubería 1.

$$\frac{P_A}{\gamma} + z_A + \frac{v_A^2}{2g} + h_B = \frac{P_B}{\gamma} + z_B + \frac{v_B^2}{2g} + h_f + h_l$$

Donde despreciamos los términos cinéticos, y no tenemos ningún elemento que introduzca pérdidas localizadas en el camino de A a B:

$$\frac{P_A}{\gamma} + z_A = z_B + h_{f2}$$

$$27.23 + 21 = 39 + h_{f2}$$

$$h_{f2} = 9.23 \; mca = \frac{8 \cdot f \cdot 674}{\pi^2 (0.374)^5 g} (Q)^2 \qquad (ec.\,1)$$

Conocemos todo menos f y Q, por tanto, como uno depende del otro, iteramos, calculando el factor de fricción con la ecuación de Swamee-Jain:

$$f = \frac{0.25}{\left(log\left(\frac{\varepsilon}{3.7D} + \frac{5.74}{Re^{0.9}}\right)\right)^2} \quad (ec.SW)$$

Comenzamos la iteración con un valor de f de 0.018.

f inicial	Q (m³/s) (de la ec.1)	v (m/s) $\left(\frac{Q}{A}\right)$	Re $\left(\frac{v_2 D_2}{v}\right)$	f final (Ec. SW)
0.018	0.259	2.36	8.04E+05	0.0156
0.0156	0.278	2.53	8.63E+05	0.0155
0.0155	0.279	2.541	8.64E+05	0.0155

Por tanto, el caudal que circula por la tubería 2 que sube al depósito es de 279 l/s. Esto implica que el caudal que circula por la tubería 1 será por la ecuación de continuidad:

$$Q_1 = Q_2 + Q_3 + Q_4 = 279 + 68 + 45 = 392.21 \; l/s$$

Apartado c)

Aplicamos Bernoulli entre el depósito de entrada y el punto D

$$\frac{P_D}{\gamma} + z_D + \frac{v_D^2}{2g} + h_B = \frac{P_D}{\gamma} + z_D + \frac{v_D^2}{2g} + h_{f1} + h_{f4} + h_m$$

$$z_D = \frac{P_D}{\gamma} + z_D + h_{f1} + h_{f4} + h_m$$

Podemos calcular f de la tubería 1, con la ecuación de Swamee-Jain, porque tenemos el caudal (279 + 68 + 45 = 392 l/s) y el diámetro (492mm):

$$f = \frac{0.25}{\left(log\left(\frac{\varepsilon}{3.7D} + \frac{5.74}{Re^{0.9}}\right)\right)^2}$$

Éste tiene un valor de 0.0.0150

$$94 = 14 + 18 + \frac{8 \cdot 0.015 \cdot 2700}{\pi^2 \, 0.492^5 \, g} 0.392^2 + \frac{8 \cdot 0.018 \cdot 1460}{\pi^2 \, 0.237^5 \, g} 0.045^2 + h_m$$

Por tanto, podemos despejar qué perdidas debe haber en la válvula para garantizar que la presión en D no supere los 18 mca.

$$h_m = k\frac{v^2}{2g} = k\frac{\left(\dfrac{\dfrac{0.068}{\pi \cdot \dfrac{0.250^2}{4}}}{}\right)^2}{2g}$$

Despejamos el valor de k, que en este caso es 656.89.

Si leemos en la gráfica el grado de apertura para ese valor de coeficiente de pérdidas, éste vale aproximadamente **11°** (eso es válvula casi cerrada del todo):

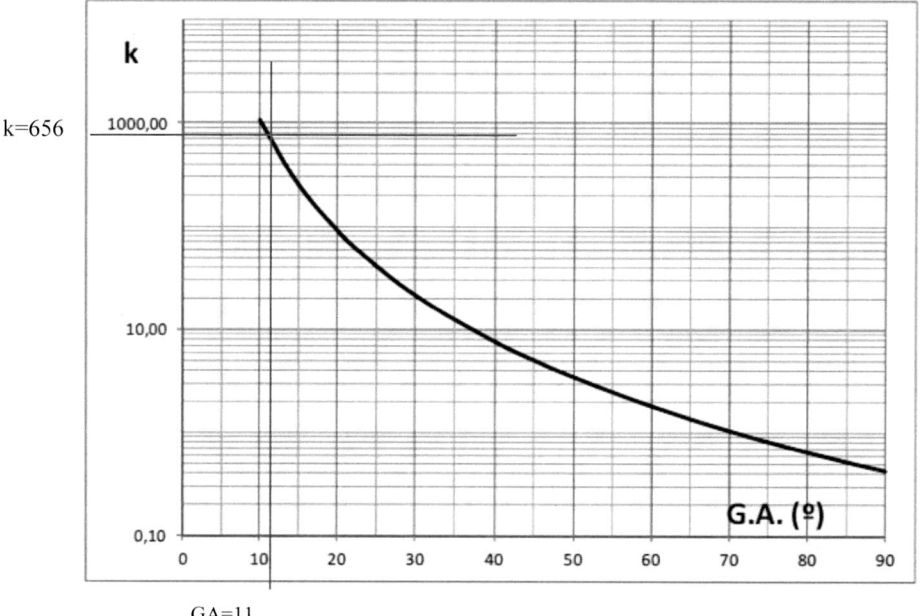

GA=11

Problema 3

Tal como se muestra en el siguiente esquema, un proceso industrial situado en el punto N3 a cota 310 m, se abastece desde un depósito D2 a través de la conducción T2 de 452 m de longitud. El proceso industrial requiere un caudal punta de 121 l/s y para garantizar el funcionamiento correcto del proceso, en el punto de conexión N3 debe existir una presión mínima de 21 mca.

Datos depósito 2: Z_{2A} = 340.56; Z_{2B}=344 m; Datos: ε_2 0.12 mm; viscosidad $1.1 \cdot 10^{-6}$ m²/s;

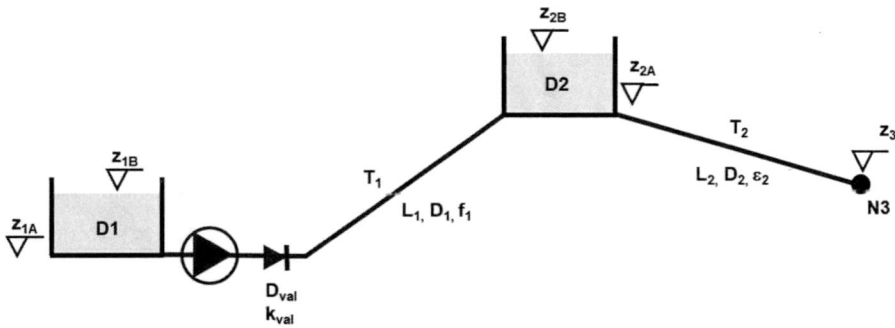

a) Determinar el diámetro teórico de la conducción T2.

$$D_t = 236.7mm$$

El depósito D2 se llena desde otro depósito D1 situado aguas arriba (Z_{1A}= 272.25; Z_{1B}=275m). Para poder llenarlo se instala una bomba que trasiegue el agua desde D1 a D2. El depósito superior D2 (cilíndrico) tiene un diámetro de 5 m y una altura útil de 3.44 m. Éste se llena por completo cuando queda completamente vacío durante 6 horas de la noche aprovechando que la energía es más barata y que el proceso no está en marcha.

b) Determinar el caudal que debería impulsar la bomba para que se llene completamente (de totalmente vacío a totalmente lleno) durante 6 horas.

$$Q_b = 3.13l/s$$

A la salida de la bomba se conecta una tubería de 1225 m de longitud, 109 mm de diámetro, y factor de fricción de 0.019, y una válvula de retención con un diámetro de 70 mm y un coeficiente de pérdidas adimensional de 7.3.

c) Determinar la altura que debe aportar la bomba.

$$h_B = 70.47 \, mca$$

Solución

Apartado a)

Conocido el caudal entre el depósito D2 y el nudo de consumo N3, aplicamos Bernoulli sabiendo que debe garantizarse una presión mínima en este nudo. Lo conocemos todo, por lo que podemos calcular las pérdidas por fricción máximas que nos podemos permitir, lo que nos permitirá luego calcular el diámetro mínimo que garantizará esas pérdidas máximas:

Por tanto, aplicamos Bernoulli entre D2 y N3.

$$\frac{P_{D2}}{\gamma} + z_{D2} + \frac{v_{D2}^2}{2g} = \frac{P_{N3}}{\gamma} + z_{N3} + \frac{v_{N3}^2}{2g} + h_{fT2}$$

Despreciando los términos cinéticos y teniendo en cuenta que no hay pérdidas localizadas en todo el camino desde D2 a N3:

$$344 = 21 + 310 + h_{fT2}$$

Lo que implica unas pérdidas máximas de 13 mca, para garantizar la presión mínima.

$$h_{fT2} = 13mca = \frac{8f_2 L_2}{\pi^2 D_2^5 g} Q_2^2$$

Donde se conoce todo, a excepción del factor de fricción en la tubería 2 y su diámetro, pero como uno depende del otro debemos aplicar un proceso iterativo que nos permita resolverlo a partir de las siguientes expresiones:

$$13mca = \frac{8f_2 452}{\pi^2 D_2^5 g} 0.121^2 \ (ec. 1)$$

$$Re = \frac{v\,D}{\nu} \ (ec. 2)$$

$$f = \frac{0.25}{\left(log \left(\frac{\varepsilon}{3.7D} + \frac{5.74}{Re^{0.9}} \right) \right)^2} \ (ec. 3)$$

Comenzamos dándole un valor a f:

f inicial	D (m) (de la ec.1)	v (m/s) $\left(\frac{Q}{A}\right)$	Re (de la ec.2)	f final (de la ec.3)
0.018	0.237	2.729	589482.47	0.0177
0.0177	0.2367	2.749	591658.37	0.0177

Como f final coincide con f inicial, ya hemos acabado la iteración. El factor de fricción tiene un valor de 0.0177, y por tanto el diámetro debe ser de 236.7 mm para garantizar la presión mínima exigida y el caudal solicitado.

Apartado b)

Se quiere calcular el caudal de llenado del depósito teniendo en cuenta su volumen, que debe llenarse completamente en un tiempo determinado y que no hay caudal de salida. Por tanto:

Calculamos el volumen del depósito, ya que se conoce su diámetro (es un depósito cilíndrico) y su altura útil:

$$V_{depósito} = A_{dep} \cdot h_{dep} = \frac{\pi D^2}{4} \cdot h = \frac{\pi 5^2}{4} \cdot 3.44 = 67.54 m^3$$

Como está totalmente vacío, no hay caudal de salida, y queremos llenarlo en 6 horas, el caudal de llenado (y por tanto el que debe entregar la bomba) será:

$$Q_b = \frac{V_{dep}}{T} = \frac{67.54 m^3}{6h} = 11.26 m^3/h = 3.13 l/s$$

Apartado c)

Para seleccionar la bomba más adecuada debemos conocer el punto de funcionamiento de la bomba, ya conocemos el caudal, queda conocer la altura que debe aportar la bomba para ese caudal, para ello aplicamos Bernoulli entre el depósito de aspiración (D1) y el punto final de la impulsión (D2):

$$\frac{P_{D2}}{\gamma} + z_{D2} + \frac{v_{D2}^2}{2g} + h_B = \frac{P_{N3}}{\gamma} + z_{N3} + \frac{v_{N3}^2}{2g} + h_{fT2}$$

Como se trata de depósitos atmosféricos la presión será cero, y despreciando los términos cinéticos, la bomba debe aportar la diferencia de alturas geométricas entre la aspiración y la impulsión (inicio y final) y las pérdidas de fricción y localizadas en todo el trayecto:

$$z_{D2} + h_B = z_{N3} + \frac{8 \cdot f \cdot L}{\pi^2 D^5 g} Q^2 + \frac{8 \cdot k}{\pi^2 D^4 g} Q^2$$

Sustituyendo valores:

$$275 + h_B = 344 + \frac{8 \cdot 0.019 \cdot 1225}{\pi^2 0.109^5 g} 0.00313^2 \cdot + \frac{8 \cdot 7.3}{\pi^2 0.074^4 g} 0.00313^2$$

$$h_B = 70.47 \, mca$$

Problema 4

Se desea dimensionar la instalación de una planta de embotellado de bebidas. El esquema de la instalación, es el que se muestra a continuación. Para el correcto funcionamiento de las máquinas se requiere que la presión en los nudos de paso (nudos sin consumo, A, B, C y D) sea de 0.5 bar. La presión en los nudos superiores del esquema(nudos 1, 2, 3 y 4) que demandan un caudal cada uno de 15 l/s sea de 1.5 bar Y la presión en los nudos inferiores del esquema (nudos 5 y 6) que demandan un caudal cada uno de 10 l/s sea de 2.5 bar.

Suponer una pendiente de diseño de 40 mmca/m y un factor de fricción constante en todas las tuberías igual a 0.02.

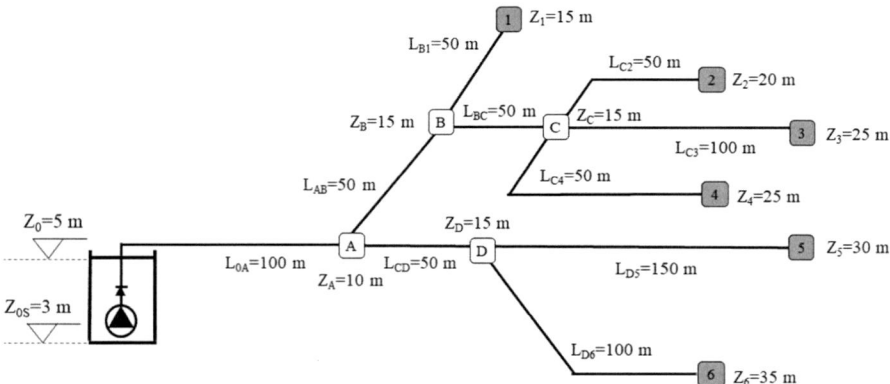

a) ¿Cuál es el nudo crítico de la instalación? Justificar numéricamente la respuesta.

Nudo N6

b) Suponiendo una pendiente hidráulica de diseño de 40 mmca/m ¿Cuál sería la altura que debería aportar la bomba?

$$H_b = 65.5m$$

c) Si la bomba instalada tuviera una curva de comportamiento igual a $H_b = 86.67 - 0.003386\, Q^2$ (con H en mca, y Q en l/s). ¿Cuál sería el diámetro teórico de la tubería OA? Suponer un factor de fricción constante para todas las tuberías de 0.02.

$$D = 194.5mm$$

Solución

Apartado a)

Determinamos el nudo crítico, a partir de las necesidades de presión en cada nudo y su cota. Como desconocemos la altura en cabecera, utilizaremos la pendiente de diseño (40 mmca/m = 0.04 mca/m). Podríamos considerar sólo los nudos candidatos a ser críticos (los más altos y los más alejados) de los nudos de consumo, porque los nudos de paso requieren menor presión mínima y además se encuentran más cerca.

A partir de los datos del esquema construimos la siguiente tabla:

NUDO	Z (m)	$\frac{P_{min}}{\gamma}$ (mca)	H_{min}	L_{total}	h_f diseño (mca)	H_b (m)
		$1\,bar$ $= 10.2\,mca$	H_{min} $= Z + \dfrac{P_{min}}{\gamma}$	*(desde 0)*	$h_{f\_dis} = L \cdot j$	H_b $= H_{min} + h_f - Z_{asp}$
A	10	5.1	15.1	100	4	14.1
B	15	5.1	20.1	150	6	21.1
C	15	5.1	20.1	200	8	23.1
D	15	5.1	20.1	150	6	21.1
1	15	15.3	30.3	200	8	33.3
2	20	15.3	35.3	250	10	40.3
3	25	15.3	40.3	300	12	47.3
4	25	15.3	40.3	250	10	45.3
5	30	25.5	55.5	300	12	62.5
6	35	25.5	60.5	250	10	65.5

Por tanto, el nudo crítico es el que requiere mayor altura en cabecera, es decir el nudo 6.

Apartado b)

Ya se ha calculado la altura de la bomba en la tabla anterior. A partir de la altura mínima que requiere el nudo crítico más las pérdidas por fricción desde cabecera hasta el nudo crítico $H_{min}+h_f = 60.5 + 0.04\cdot250 = 70.5$ m. Teniendo en cuenta que la bomba tiene una altura de aspiración (cota de la lámina libre del depósito de aspiración) de 5m, la altura de la bomba será $70.5 - 5 = 65.5$m.

En realidad, lo más desfavorable (la máxima altura que debería aportar la bomba) sería considerar que el depósito se encuentra vacío, y por tanto que la cota de aspiración serían 3 metros, por lo que el punto de la bomba más desfavorable, debería ser $70.5-3=67.5$m.

Apartado c)

Determinamos el caudal que sale de la bomba, suma de todos los caudales demandados por la red (4x15l/s + 2x10 l/s= 80 l/s). Con este caudal y la curva de la bomba determinamos la altura en cabecera:

$$H_B = 80 - 0.003125 \cdot Q^2 = 80 - 0.003125 \cdot 80^2 = 65 \, m$$

Teniendo en cuenta la altura en la aspiración (cota de la lámina libre del depósito de aspiración de 5m) la altura en cabecera (a la salida de la bomba) punto 0, será 65 + 5 =70m.

Calculamos la pendiente hidráulica máxima del camino crítico, es decir las pérdidas máximas que nos podemos permitir hasta llegar al nudo 6.

$$H_{\min N6} = Z_{N6} + \frac{P_{\min N6}}{\gamma} = 35 + 2.5 \cdot 10.2 = 60.5m$$

$$h_{f\,máx\,N6} = H_{cabecera} - H_{\min N6} = 70 - 60.5 = 10..5mca$$

$$j_{máx} = \frac{h_{f\,máx\,N6}}{L_{total\,N6}} = \frac{10.5}{250} = 0.038 \, mca/m$$

Por tanto, dimensionaremos todo el camino crítico (al que pertenece la tubería principal 0A) con una pendiente de 0.038 mca/m = 38 mmca/m=38 mca/km.

Hay que tener en cuenta que está pendiente es menor que la pendiente inicial de diseño, dado que la altura que nos aporta la bomba seleccionada es menor a la calculada con la pendiente de diseño, obligando a seleccionar diámetro más grande que si hubiéremos seleccionado una bomba que diera la altura calculada.

A partir del valor de la pendiente, y conocido el caudal de la línea 0A calculamos el diámetro teórico:

$$j_{máx} = \frac{8f}{\pi^2 \cdot D^5 \cdot g} Q^2$$

$$D = \sqrt[5]{\frac{8f}{\pi^2 \cdot j_{máx} \cdot g} Q^2} = \sqrt[5]{\frac{8 \cdot 0.02}{\pi^2 \cdot 0.038 \cdot g} 0.08^2} = 0.194 \, m = 194.5mm$$

Problema 5

Un sistema de abastecimiento está formado por dos depósitos A y B, de los cuales depende el abastecimiento a los tres puntos de consumo D, E y F. El encargado de la explotación quiere saber el caudal que sale o entra de cada uno de los depósitos. Para saberlo, sólo dispone de un manómetro situado en el nudo F. En esta situación el manómetro marca 31.20 mca. Conocida la presión en este pinto y teniendo en cuenta los datos adjuntos en la tabla siguiente, se pide determinar: n. Se pide:

a) Indicar el caudal circulante de la línea AC y su sentido.

$$Q_{AC} = 146.3 \; l/s \; (de \; A \; a \; C)$$

b) Indicar el caudal circulante de la línea CB y su sentido.

$$Q_{CB} = 72.17 \; l/s \; (de \; C \; a \; B)$$

c) Determinar la altura piezométrica de nudo D.

$$H_D = 116.31m$$

d) Determinar la pendiente hidráulica de la línea CD.

$$j_{CD} = 3.32m/km$$

e) Qué cota tendría que tener el depósito B para que el caudal circulante por la línea BC fuera nulo.

$$z_B = 130.72m$$

NUDO	COTA (m)	DEMANDA (l/s)
A	135	0
B	115	0
C	35	0
D	25	10
E	40	40
F	75	25

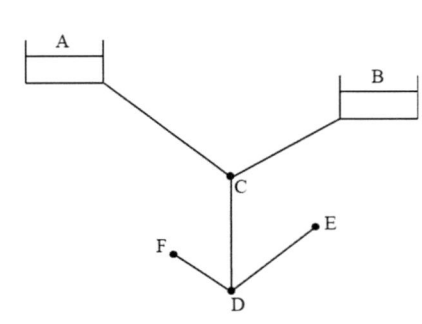

LÍNEA	LONGITUD (m)	DIÁMETRO (mm)	☐ (mm)
AC	2800	350	0.1
BC	1500	300	0.1
CD	1000	300	0.1
DE	1000	200	0.1
DF	750	150	0.1

Solución

Apartado a)

En primer lugar, calculamos los caudales de las líneas en función de los caudales demandados por los nudos:

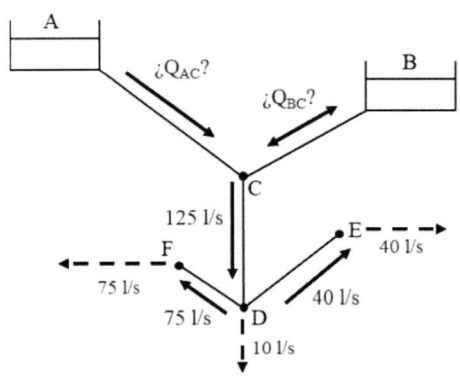

Debemos calcular el caudal que circula tanto por la línea AC como por la línea BC. En el caso del depósito A, el agua saldrá de este seguro pues es el punto con mayor altura de toda la instalación, por lo que no es posible que el agua circule hacia este punto por ser el punto más alto. Por tanto, el caudal de la línea AC, circula seguro del depósito hacia el punto C.

En el caso del depósito B, a priori, no podemos asegurar hacia dónde circulará el caudal, si el depósito se está llenando (caudal de C a B) o vaciando (caudal de B a C). Esto dependerá de la altura (cota más presión) en el punto C. Si la altura en C es mayor que la altura en B (115m), el caudal circulará de C a B. Si la altura en C (cota mas presión) es menor que la altura en B, entonces el caudal circulará de B a C.

Por tanto, nos podemos encontrar con tres situaciones, en función de la altura en C:

Si $H_c > H_b$ (115m) $\rightarrow Q_{CB}$ (de C a B)$\rightarrow Q_{AC} = Q_{CB} + 125$

Si $H_c < H_b$ (115m) $\rightarrow Q_{BC}$ (de B a C)$\rightarrow Q_{AC} + Q_{CB} = 125$

Si $H_c = H_b$ (115m) $\rightarrow Q_{BC} = 0$ (no circula caudal)$\rightarrow Q_{AC} = 125$

Por lo que debemos calcular la altura en C, para conocer en qué situación estamos. Podemos calcular la altura en C a partir de la presión conocida en el punto F.

Aplicamos Bernoulli entre C y F:

$$\frac{P_C}{\gamma} + z_C + \frac{v_C^2}{2g} = \frac{P_F}{\gamma} + z_F + \frac{v_F^2}{2g} + h_{f-CD} + h_{f-DF}$$

Despreciando los términos cinéticos:

$$\frac{P_C}{\gamma} + z_C = \frac{P_F}{\gamma} + z_F + \frac{8 f_{CD} L_{CD}}{\pi^2 D_{CD}^5 g} Q_{CD}^2 + \frac{8 f_{DF} L_2}{\pi^2 D_{DF}^5 g} Q_{DF}^2$$

Donde lo conocemos todo, menos la presión en C (que es lo que queremos obtener), y los factores de fricción en la líneas CD y DF, pero que podemos calcular al conocer el caudal y el diámetro de cada una.

146

Para la tubería CD:

$$V_{CD} = \frac{Q_{CD}}{A_{CD}} = \frac{0.075}{\frac{\pi \cdot 0.3^2}{4}} = 1.061 \; m/s \; ; Re_{CD} = \frac{VD}{\upsilon} = \frac{1.061 \cdot 0.3}{1.1 \cdot 10^{-6}} = 289372.624$$

$$f_{CD} = \frac{0.25}{\left(log\left(\frac{\varepsilon}{3.7D} + \frac{5.74}{Re^{0.9}}\right)\right)^2} = \frac{0.25}{\left(log\left(\frac{0.1}{3.7 \cdot 300} + \frac{5.74}{289372.624^{0.9}}\right)\right)^2} = 0.0173$$

$$h_{CD} = \frac{8 f_{CD} L_{CD}}{\pi^2 D_{CD}^5 g} Q_{CD}^2 = \frac{8 \cdot 0.0173 \cdot 1000}{\pi^2 0.3^5 g} 0.075^2 = 3.32 mca$$

Para la tubería DF:

$$V_{DF} = \frac{Q_{DF}}{A_{DF}} = \frac{0.025}{\frac{\pi \cdot 0.15^2}{4}} = 1.415 \; m/s \; ; Re_{DF} = \frac{VD}{\upsilon} = \frac{1.415 \cdot 0.15}{1.1 \cdot 10^{-6}} = 192915.083$$

$$f_{DF} = \frac{0.25}{\left(log\left(\frac{\varepsilon}{3.7D} + \frac{5.74}{Re^{0.9}}\right)\right)^2} = \frac{0.25}{\left(log\left(\frac{0.1}{3.7 \cdot 150} + \frac{5.74}{192915.083^{0.9}}\right)\right)^2} = 0.0198$$

$$h_{DF} = \frac{8 f_{DF} L_{DF}}{\pi^2 D_{DF}^5 g} Q_{DF}^2 = \frac{8 \cdot 0.0198 \cdot 750}{\pi^2 0.15^5 g} 0.025^2 = 10.11 mca$$

Por lo que la presión en C:

$$\frac{P_C}{\gamma} + z_C = \frac{P_F}{\gamma} + z_F + \frac{8 f_{CD} L_{CD}}{\pi^2 D_{CD}^5 g} Q_{CD}^2 + \frac{8 f_{DF} L_2}{\pi^2 D_{DF}^5 g} Q_{DF}^2$$

$$\frac{P_C}{\gamma} + 35 = 31.2 + 75 + 3.32 + 10.11 \rightarrow \frac{P_C}{\gamma} = 84.62 mca$$

Conocida la presión en C, su altura piezométrica será:

$$H_C = \frac{P_C}{\gamma} + z_C = 84.62 + 35 = 119.62 m$$

Como $H_C = 119.62 \; m > H_B = 115 \; m$, el caudal (de donde hay más altura a donde hay menos) circulará de C a B, por lo que el depósito B se está llenando. Por lo que el balance de caudales, por la ecuación de continuidad será:

$$Q_{AC} = Q_{CB} + Q_{CD}$$

Resta sólo calcular el caudal que circula de C a B, que es posible dado que ya conocemos las pérdidas que se dan entre ambos puntos. Aplicando Bernoulli entre C y B:

$$\frac{P_C}{\gamma} + z_C + \frac{v_C^2}{2g} = \frac{P_B}{\gamma} + z_B + \frac{v_B^2}{2g} + h_{f-CB}$$

Despreciando los términos cinéticos, y sabiendo que la presión en B es cero, ya que se trata de un depósito atmosférico:

$$84.62 + 35 = 115 + h_{f-CB} \rightarrow h_{f-CB} = 4.625m$$

$$h_{CB} = \frac{8f_{CB}L_{CB}}{\pi^2 D_{CB}^5 g} Q_{CB}^2 = \frac{8f_{CB}1500}{\pi^2 0.3^5 g} Q_{CB}^2 = 4.625m$$

Donde conocemos todo, menos el factor de fricción y el caudal, pero como uno depende del otro debemos iterar:

f inicial	Q (m3/s)	v (m/s) $\left(\frac{Q}{A}\right)$	Re	f final
0,0180	0,0710	1,004	273861,48	0,0174
0,0171	0,0721	1,020	278269,16	0,0174

Por lo que el valor de f es 0.0174 y el caudal que circula por la tubería CB es 72.1 l/s.

Por tanto,

$$Q_{AC} = Q_{CB} + Q_{CD} = 72.1 + 75 = 147.17 \; l/s$$

Verificamos el caudal que circula por la tubería AC, a partir de las pérdidas en la tubería AC:

$$\frac{P_A}{\gamma} + z_A + \frac{v_A^2}{2g} = \frac{P_C}{\gamma} + z_C + \frac{v_C^2}{2g} + h_{f-AC}$$

Despreciando los términos cinéticos, y sabiendo que la presión en A es cero, ya que se trata de un depósito atmosférico:

$$135 = 84.62 + 35 + h_{f-AC} \rightarrow h_{f-AC} = 15.37m$$

$$h_{AC} = \frac{8f_{AC}L_{AC}}{\pi^2 D_{AC}^5 g} Q_{AC}^2 = \frac{8f_{AC}1500}{\pi^2 0.3^5 g} Q_{AC}^2 = 15.37m$$

Donde conocemos todo, menos el factor de fricción y el caudal, pero como uno depende del otro debemos iterar:

f inicial	Q (m³/s)	v (m/s) $\left(\frac{Q}{A}\right)$	Re	f final
0.0180	0.1393	1.447	460517.02	0.0164
0.0164	0.1461	1.518	483108.61	0.0163
0.0163	0.1463	1.521	483959.57	0.0163

Por lo que el valor de f es 0.0163 y el caudal que circula por la tubería AC es 146.3 l/s.

Por tanto,

$$Q_{AC} = 146.3 \approx Q_{CB} + Q_{CD} = 72.1 + 75 = 147.1 \; l/s$$

Ambos cálculos de caudal son correctos pues se verifica la ecuación de continuidad. La ligera diferencia entre ambos valores (1.2l/s) se deben a las aproximaciones en el cálculo del valor de f.

Apartado b)

Ya hemos calculado previamente el caudal de la línea BC, que irá del punto C que tiene mayor altura piezométrica (cota más presión) que el depósito.

$$Q_{CB} = 72.1 \; l/s$$

Apartado c)

La altura piezométrica en D, será, aplicando Bernoulli entre F (de presión conocida) y D:

$$\frac{P_D}{\gamma} + z_D + \frac{v_D^2}{2g} = \frac{P_F}{\gamma} + z_F + \frac{v_F^2}{2g} + h_{f-DF}$$

Donde ya habíamos calculado las pérdidas entre el punto D y F, $h_{DF} = 10.11 mca$:

$$H_D = \frac{P_D}{\gamma} + z_D = \frac{P_F}{\gamma} + z_F + h_{f-DF}$$

$$H_D = 31.2 + 75 + 10.11 = 116.31 m$$

Apartado d)

La pendiente hidráulica de la línea CD, será las pérdidas por fricción en esta línea divididas por su longitud. Como ya habíamos calculado las pérdidas por fricción:

$$h_{CD} = \frac{8 f_{CD} L_{CD}}{\pi^2 D_{CD}^5 g} Q_{CD}^2 = \frac{8 \cdot 0.0173 \cdot 1000}{\pi^2 0.35^5 g} 0.075^2 = 3.32 mca$$

$$j_{CD} = \frac{h_{CD}}{L_{CD}} = \frac{3.32}{1000} = 0.00332 m/m = 3.32 m/km$$

Apartado e)

Para que no circulara caudal por la línea BC, la altura en C y B debe ser la misma. En esta circunstancia en que no circula caudal por BC, todo el caudal demandado (75 l/s) saldría por la tubería AC, y la presión en F ya no podría ser la medida (31.2m)

Aplicando Bernoulli entre A y C, sabiendo que el caudal que circula es 75 l/s:

$$\frac{P_A}{\gamma} + z_A + \frac{v_A^2}{2g} = \frac{P_C}{\gamma} + z_C + \frac{v_C^2}{2g} + h_{f-AC}$$

Despreciando los términos cinéticos:

$$z_A = \frac{P_C}{\gamma} + z_C + \frac{8 f_{AC} L_{AC}}{\pi^2 D_{AC}^5 g} Q_{AC}^2$$

Para la tubería AC:

$$V_{AC} = \frac{Q_{AC}}{A_{AC}} = \frac{0.075}{\dfrac{\pi \cdot 0.35^2}{4}} = 0.779 \, m/s \; ; Re_{AC} = \frac{VD}{v} = \frac{0.779 \cdot 0.35}{1.1 \cdot 10^{-6}} = 248033.678$$

$$f_{AC} = \frac{0.25}{\left(log \left(\dfrac{\varepsilon}{3.7D} + \dfrac{5.74}{Re^{0.9}} \right) \right)^2} = \frac{0.25}{\left(log \left(\dfrac{0.1}{3.7 \cdot 350} + \dfrac{5.74}{248033.678^{0.9}} \right) \right)^2} = 0.01728$$

$$h_{AC} = \frac{8 f_{AC} L_{AC}}{\pi^2 D_{AC}^5 g} Q_{AC}^2 = \frac{8 \cdot 0.01728 \cdot 2800}{\pi^2 0.35^5 g} 0.075^2 = 4.28 mca$$

Por tanto,

$$135 = \frac{P_C}{\gamma} + 35 + 4.28 \rightarrow \frac{P_C}{\gamma} = 95.72 mca$$

$$H_C = \frac{P_C}{\gamma} + z_C = 95.72 + 35 = 130.72 m$$

Si la cota del depósito B, fuera la misma que la altura en C, no circularía caudal entre ambos puntos.

En esta nueva situación la presión medida en el punto F sería de 42.41mca, mayor que la anterior, pues el caudal circulante por la tubería A es menor y, por tanto, también lo son las pérdidas en esta.

Capítulo 9
Flujo a presión. Introducción a bombas rotodinámicas

9.1 Resultados de aprendizaje

Una vez se han presentado las metodologías de resolución de flujo a presión por grave-dad, el libro aborda el estudio de los sistemas que requieren energía para poder operar. Por ello, se aborda de manera resumida, el cálculo de sistemas de bombeo simples, su regulación de velocidad y su operación en condiciones de caudal variable. Además, de manera introductoria, se establece el cálculo de flujo en régimen no permanente en sistemas simples mediante las expresiones de Allievi o Michaud. Los resultados de apren-dizaje a alcanzar en este capítulo son:

- Determinar la curva resistente de un sistema
- Seleccionar una bomba
- Establecer los diferentes tipos de bombas y turbinas
- Regular la velocidad de operación
- Asociar bombas en serie y paralelo
- Estimar los valores máximos y mínimos de las ondas de sobrepresión y depresión en sistemas simples

9.2 Objetos de aprendizaje de ayuda para la adquisición de los resultados de aprendizaje

A continuación, se adjuntan los objetos de aprendizaje que pueden ser de utilidad para alcanzar los resultados de aprendizaje establecidos en el apartado anterior.

POLIMEDIA	LINK	CÓDIGO QR
Bombas y Turbinas	http://hdl.handle.net/10251/78683	
La ecuación de Euler en turbomáquinas hidráulicas	http://hdl.handle.net/10251/78682	
Caracterización de las máquinas hidráulicas en función de la morfología del rodete	http://hdl.handle.net/10251/98844	
Diferencias entre la altura de Euler, Teórica y Real	http://hdl.handle.net/10251/98845	
Selección de bombas conocido el caudal y altura manométrica	http://hdl.handle.net/10251/98843	

POLIMEDIA	LINK	CÓDIGO QR
Regulación de máquinas hidráulicas. Principios fundamentales	http://hdl.handle.net/10251/98842	
Cambio de la curva motriz al cambiar la velocidad de rotación	http://hdl.handle.net/10251/100613	
Comparativa en la regulación de la curva motriz en máquinas hidráulicas	http://hdl.handle.net/10251/100621	

9.3 Problemas

Problema 1

El punto B alimenta a un proceso industrial que se conoce que requiere un caudal constante de 12 l/s a una presión de 1.2 bar para que funcione correctamente. Para aportar ese caudal a esas condiciones se instala una bomba sumergida en un depósito que se mantiene lleno de agua a un nivel constante de 2 m.

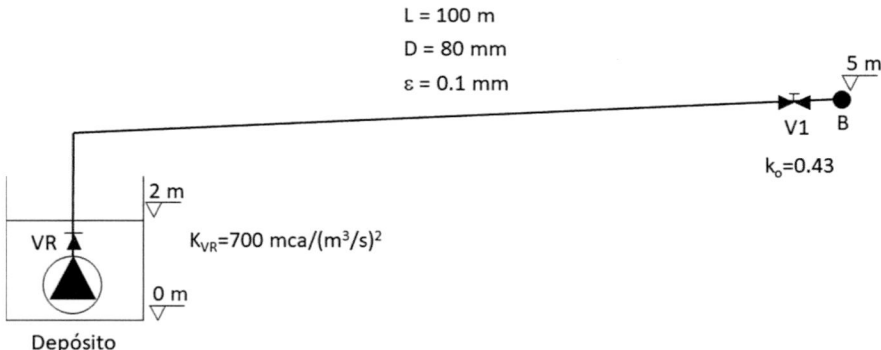

Determinar:

a) Seleccionar la bomba a instalar de entre las posibles (catálogo página siguiente), teniendo en cuenta que se espera que la válvula de regulación, de diámetro 60 mm, (V1) esté totalmente abierta.

$$RNI\ 65 - 26/10$$

b) Si finalmente se instala una bomba cuya curva de funcionamiento es H_b=37.33-41480 Q^2 (con H en mca y Q en m³/s) y curva de rendimiento es η=44.73 Q-93.5 Q^2 (con η en tanto por uno y Q en m³/s), determinar el grado de apertura de la válvula para que las condiciones con las que llega el fluido al proceso sean las requeridas, es decir un caudal de 12 l/s y una presión en B de 1.2 bar (para determinar el grado de apertura, utiliza el gráfico de la válvula de la tarea 12)

$$grado\ de\ apertura\ de\ V2:\ 47º$$

c) Determina en las condiciones anteriores, cuál es la potencia consumida por la bomba:

$$P_C = 5.615\ kW$$

d) Si por un error, se abriese totalmente la válvula con la bomba anterior instalada. ¿Qué caudal llegaría al proceso a la presión requerida?

$$Q = 14.81\ l/s$$

RNI / GNI

CAMPOS DE TRABAJO / *PERFORMANCE CHARTS* / CHAMPS DE TRAVAIL

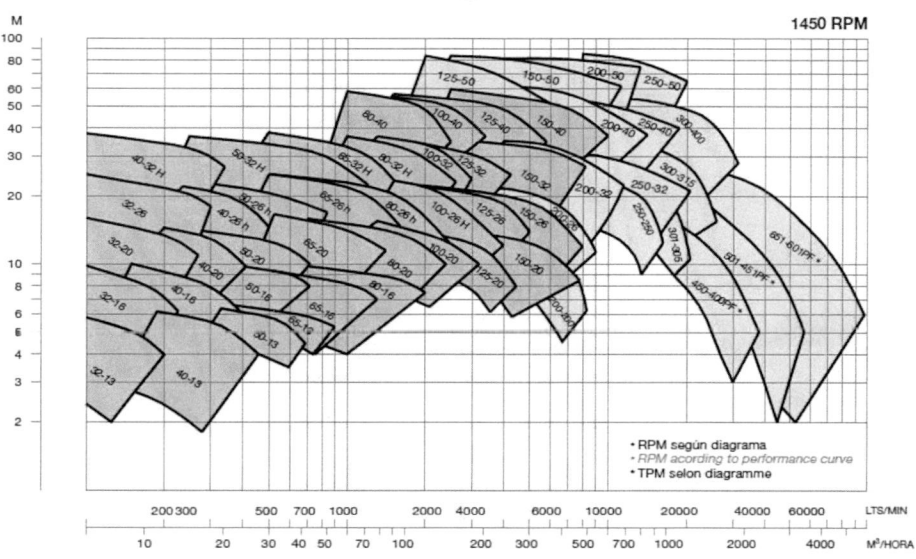

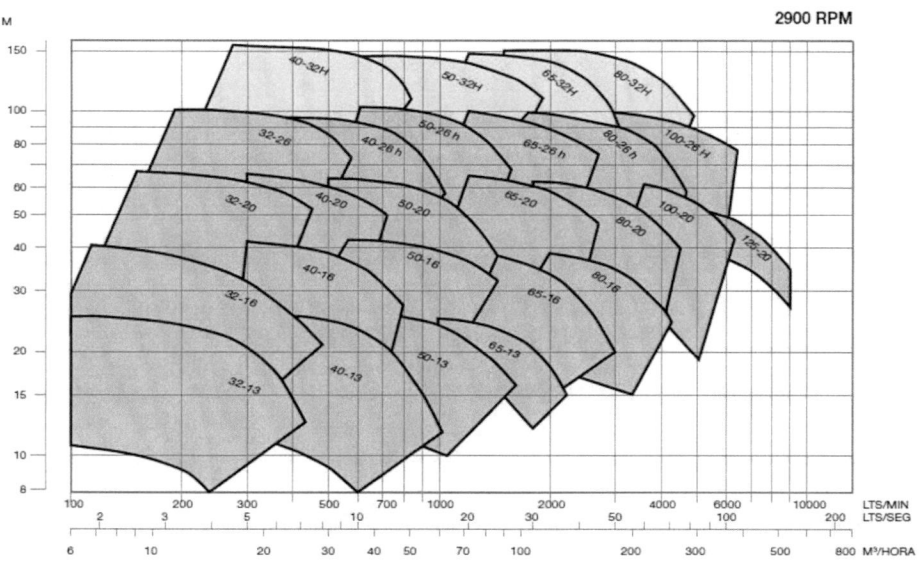

155

GNI / RNI

GNI / RNI 65-20	6357B	65/80

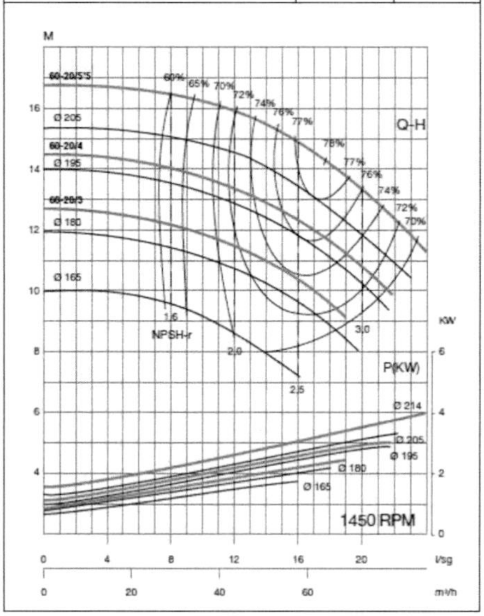

GNI / RNI 65-26h	6359B	65/80

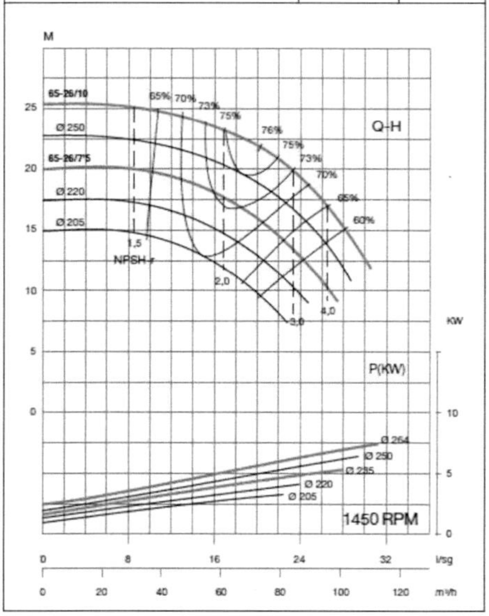

GNI / RNI 65-32H	6361B	65/80

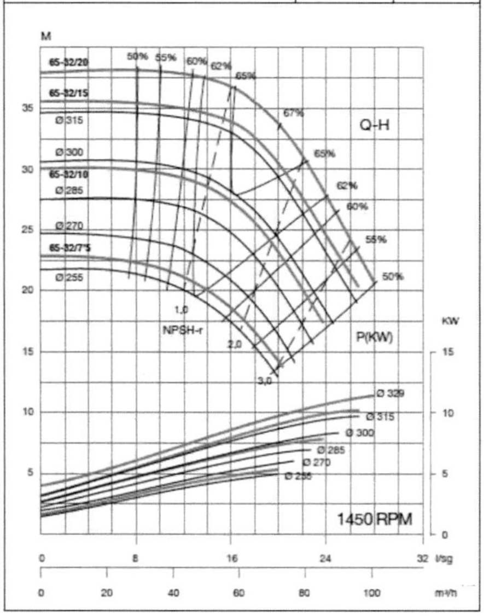

GNI / RNI 80-16	6362B	80/100

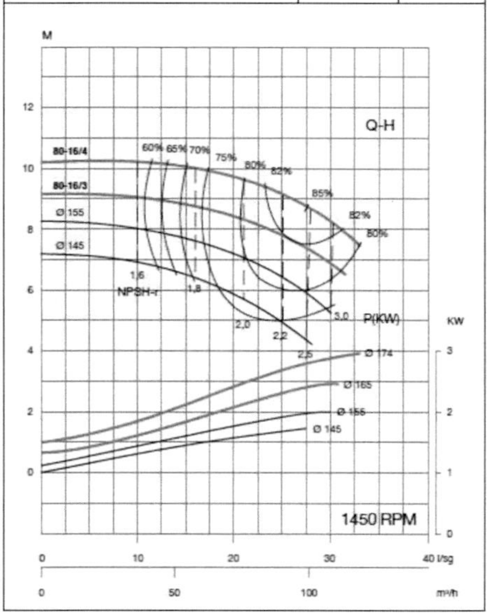

– 14 –

EN ISO 9906-II

GNI / RNI

GNI / RNI 40-13	6335B	40/65

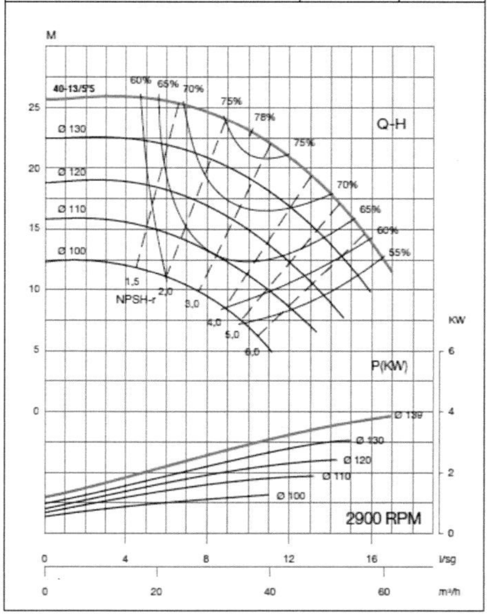

GNI / RNI 40-16	6337B	40/65

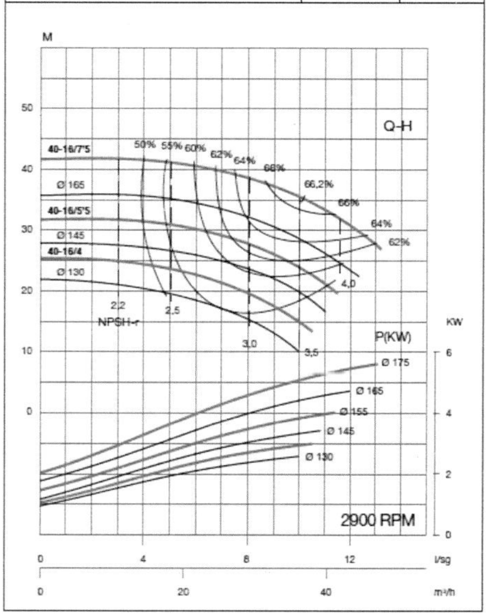

GNI / RNI 40-20	6340B	40/65

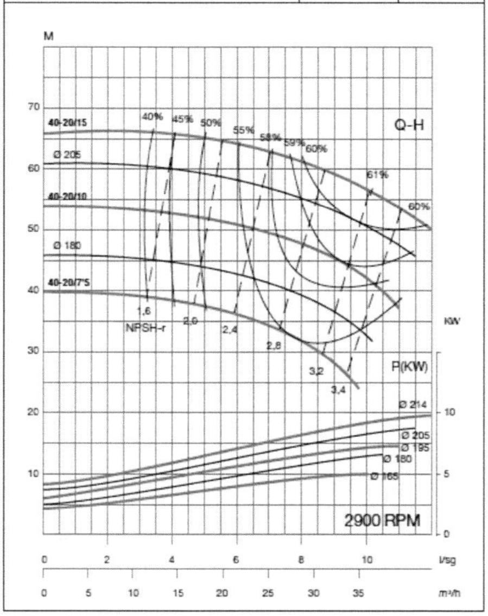

GNI / RNI 40-26h	6342B	40/65

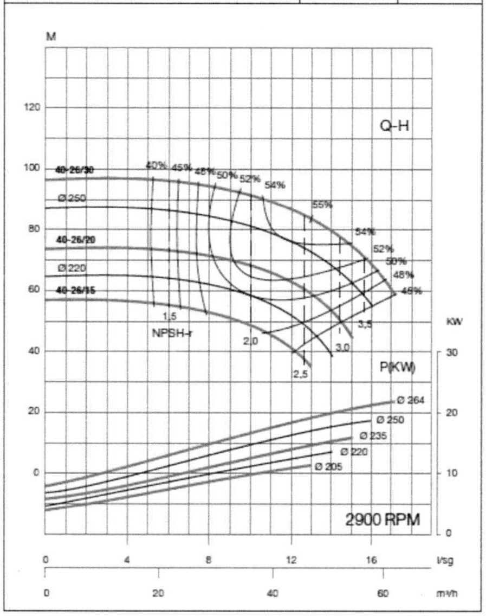

EN ISO 9906-II

157

Solución

Apartado a)

Para seleccionar la bomba a instalar debemos calcular el punto de funcionamiento de ésta (Q, H). El caudal ya lo conocemos, pues se indica que requiere un caudal constante de 12 l/s, por lo que debemos calcular para ese caudal cuál es la altura que debe aportar la bomba:

Calculamos la curva resístete de la instalación:

$$H^R = \Delta z + RQ^2 + KQ^2$$

En este caso la diferencia de cotas será 5-2 = 3m, pero además el proceso requiere una presión constante de 1.2 bar (12.23 mca), por tanto, independientemente de las pérdidas (Q=0) la bomba ya debe aportar como mínimo 3+12.23 mca=15.23 mca. Calculamos la resistencia de la tubería, R, que será función de sus características (calculando f pues se conoce el caudal y el diámetro)

$$R = \frac{8 \cdot f \cdot L}{\pi^2 D^5 g} = \frac{8 \cdot 0.02212 \cdot 100}{\pi^2 0.08^5 g} = 55777.163 \ \frac{mca}{\left(\frac{m^3}{s}\right)^2}$$

Calculamos las pérdidas en ambas válvulas en función del caudal al cuadrado (K). Para la válvula de retención directamente sabemos el valor de K, para la válvula de regulación conocemos el coeficiente de pérdidas adimensional, pero podemos obtenemos calcular el coeficiente del caudal:

$$K = \frac{8 \cdot k}{\pi^2 D^4 g} = \frac{8 \cdot 0.43}{\pi^2 0.06^4 g} = 2741.48 \ \frac{mca}{\left(\frac{m^3}{s}\right)^2}$$

Por tanto, la curva resistente de la instalación queda:

$$H^R = 15.23 + 55777.163 \ Q^2 + (2741.47 + 700)Q^2$$

A partir de aquí, podemos calcular la atura de la bomba en función del caudal demando, en este primer caso para un caudal de 12 l/s:

$$H^R = 15.23 + 55777.163 \ (0.012)^2 + (2741.47 + 700)(0.012)^2 = 23.757 \ mca$$

El punto de funcionamiento de la bomba será (12 l/s; 23.757 mca):

Del primer tipo de gráficos seleccionamos la familia de bombas que nos pueden servir, es decir que nos aportan la altura necesaria para el caudal correspondiente:

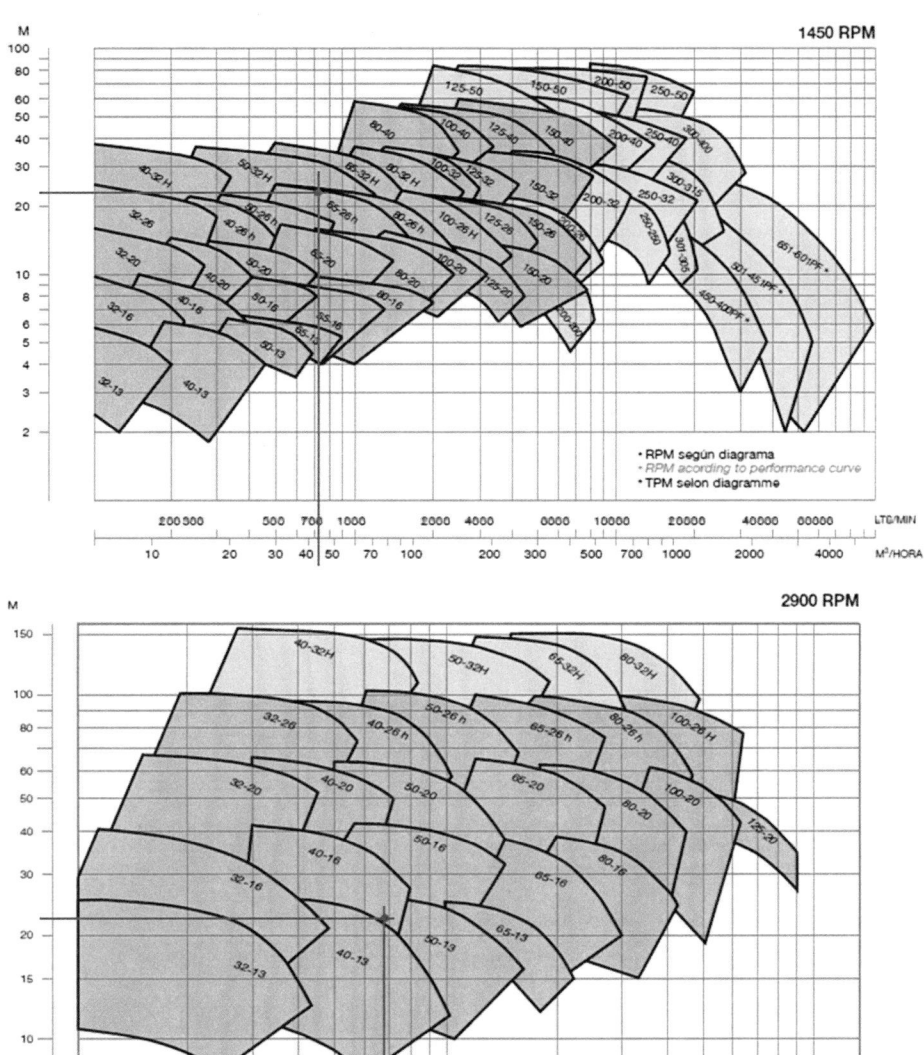

Vemos que hay dos opciones, o bien la serie 65-26 de 1450 rpm, o bien la serie 40-16 de 2900 rpm. Veamos si ambas cumplen con el punto de funcionamiento.

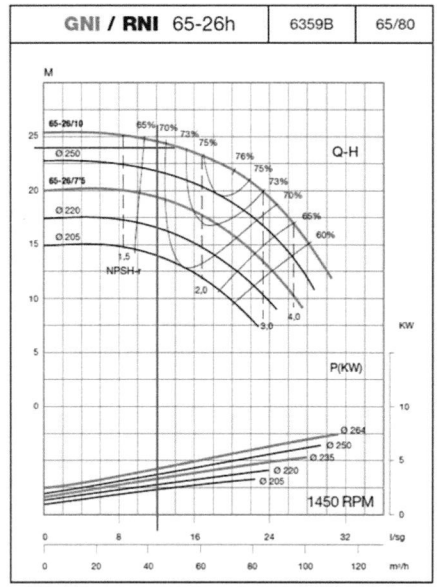

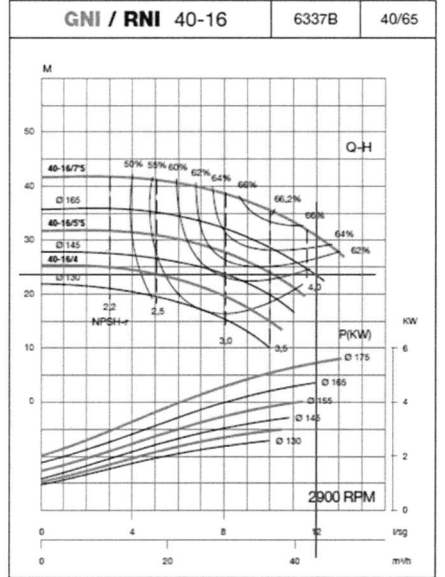

Ambas opciones son válidas, en el primer caso, seleccionaríamos la curva 65-26/10 que nos aportaría para 12 l/s un poco más de altura, con un rendimiento del 67% en el punto de funcionamiento aproximadamente, y la segunda opción la curva Ø165 parece que pasa justo por el punto de funcionamiento con un rendimiento aproximado en ese punto de menos del 55%.

De entre ambas opciones, la primera de 1450 rpm, tiene mejor rendimiento para el punto de funcionamiento, por tanto, esa será la bomba escogida (RNI 65-26/10).

Apartado b)

Instalada la bomba con la curva característica $H_b = 37.33 - 41480\ Q^2$ ésta funcionará en el punto donde intersecte a la curva resistente, cuya curva es:

$$H^R = \Delta z + RQ^2 + KQ^2$$

Según lo calculado antes para la resistencia de la tubería y las válvulas. Donde se conoce todo a excepción de la nueva K de la válvula de regulación:

$$H^R = 15.23 + 55777.163\ Q^2 + (K + 700)\ Q^2$$

Para conocer el punto de funcionamiento de la bomba, igualamos H^R a H_b:

$$H^R = H_b$$

$$15.23 + 55777.163\ Q^2 + (K + 700)\ Q^2 = 37.33 - 41480\ Q^2$$

Como queremos que el valor de Q sea de 12 l/s:

$$K = 55515.06 \frac{mca}{\left(\frac{m^3}{s}\right)^2}$$

Que teniendo en cuenta que la válvula tiene un diámetro de 60 mm:

$$k = 8.707$$

Que supone un grado de apertura de:

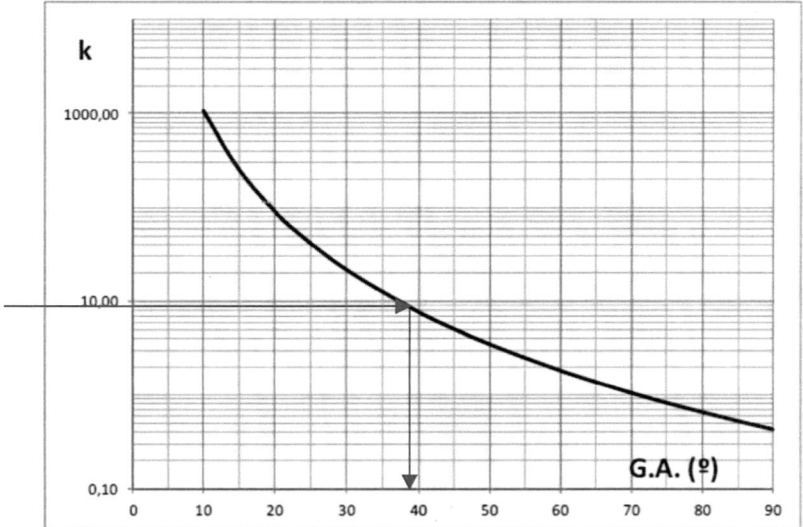

Un grado de apertura de unos 37°, garantiza que instalada esa bomba el caudal y la presión sigan siendo los solicitados por el proceso.

Apartado c)

Para calcular la potencia consumida por la bomba:

$$P_C = \frac{\gamma Q_b H_b}{\eta}$$

Debemos conocer el caudal (12 l/s), la altura que da la bomba para ese caudal concreto:

$$H_b = 37.33 - 41480\, Q^2 = 37.33 - 41480\, (0.012)^2 = 31.357\ mca$$

Y el valor del rendimiento para ese caudal:

$$\eta = 44.73Q - 93.5\, Q^2 = 44.73\, (0.012) - 93.5\, (0.012)^2 = 0.523$$

Por tanto, la potencia consumida por la bomba para ese punto de funcionamiento:

$$P_C = \frac{\gamma Q_b H_b}{\eta} = \frac{9810 \cdot 0.012 \cdot 31.357}{0.523} = 7054.03 \ W = 7.054 \ kW$$

Apartado d)

Si se abriese totalmente la válvula, entonces la curva resistente de la instalación bajaría, pues la instalación ofrece menos resistencia:

$$H^R = \Delta z + R Q^2 + K Q^2$$

El término independiente sigue siendo de 15.23 mca, pues la diferencia de cotas no cambia y queremos seguir garantizando 1.2 bares. Ahora la resistencia de la tubería no la podemos calcular, pues desconocemos el caudal y por tanto el factor de fricción en ésta. Las K de ambas válvulas las conocemos pues conocemos las K (700 mca/(m^3/s)2 y k_o (0.43), es decir el valor de pérdidas a válvula totalmente abierta:

$$H^R = 15.23 + \frac{8 \cdot f \cdot 100}{\pi^2 0.08^5 g} Q^2 + (700 + 2741.48) Q^2$$

Para conocer el caudal que aportará la bomba en estas circunstancias debemos igualar la curva resistente a la curva de la bomba:

$$H^R = H_b$$

$$15.23 + \frac{8 \cdot f \cdot 100}{\pi^2 0.08^5 g} Q^2 + 3441.48 \ Q^2 = 37.33 - 41480 \ Q^2 \quad (ec1)$$

Donde si conociéramos f, es inmediato obtener el caudal, pero como f depende Q, debemos obtener ambos valores a la vez, es decir, suponemos un valor de f, y luego comprobamos el valor de Q:

f inicial	Q (l/s) (de la ec.1)	v (m/s) $\left(\frac{Q}{A}\right)$	Re $\left(\frac{v_2 D_2}{v}\right)$	f final (Ec. Colebrook)
0.02	15.22 l/s	3.028	220212.567	0.021857
0.021857	14.863 l/s	2.957	215047.265	0.021881
0.021881	14.859	2.956	214989.391	0.021882

Por tanto, si la válvula se abriera totalmente, el caudal suministrado por la bomba que garantizara la presión en el proceso sería de 14.859 l/s.

Problema 2

Se cuenta con la siguiente instalación.

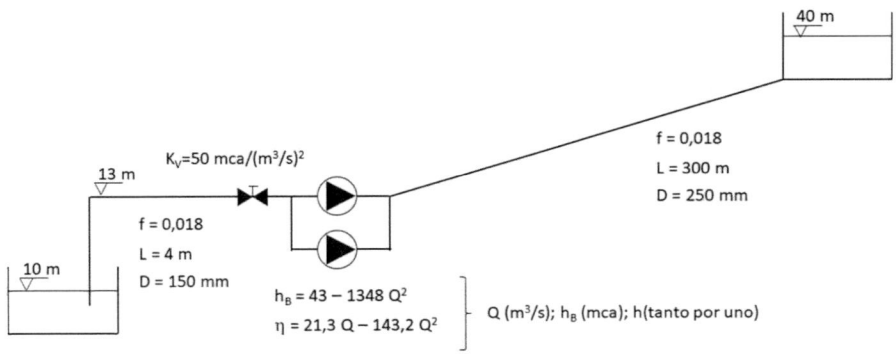

Determinar:

a) El punto de funcionamiento cuando sólo funciona una bomba y la potencia consumida por ésta:

$$Q_b = 82 \; l/s \; ; \; H_b = 33.9 mca; \; P_C = 34.833 \; kW$$

b) El punto de funcionamiento de cada bomba y la potencia consumida por cada una, cuando están funcionando las dos bombas:

$$Q_b = 59.5 \; l/s \; ; \; H_b = 38.2 \; mca; \; P_C = 29.31 \; kW$$

c) Velocidad de giro relativa (α) si sólo funciona una bomba y deseamos que el caudal que el caudal que llega al segundo depósito sea de 90 l/s. Calcular también la potencia consumida por la bomba:

$$\alpha = 1.03 \; ; \; P_C = 33.94 \; kW$$

d) Velocidad de giro relativa (α) si funcionan dos bombas y deseamos que el caudal que el caudal que llega al segundo depósito sea de 90 l/s. Calcular también la potencia consumida por ambas bombas:

$$\alpha = 0.93 \; ; \; P_C = 44.108 \; kW$$

e) Si ahora dejamos una bomba a velocidad fija y la otra a velocidad variable, determinar la velocidad de giro relativa (α) de la segunda bomba (BVV) si deseamos que el caudal que llega al segundo depósito sea de 90 l/s. Calcular también la potencia consumida por ambas bombas:

$$\alpha = 0.9 \; ; \; P_C = 49.69 \; kW$$

De entre las tres opciones (c, d, y e) que garantizan que por la instalación circulen 90 l/s, cuál de las tres consideras que es la mejor opción. Justifica tu respuesta

Solución

Apartado a)

Calculamos la curva resistencia de la instalación:

$$H^R = \Delta z + RQ^2 + KQ^2$$

En este caso la diferencia de cotas será 40-10 = 30m, dado que ambas presiones (en la aspiración y en la impulsión) son cero. Calculamos la resistencia de ambas tuberías (aspiración e impulsión) que será función de sus características, y la K de la válvula:

$$R_1 + R_2 = \frac{8 \cdot f_1 \cdot L_1}{\pi^2 D_1^{\,5} g} + \frac{8 \cdot f_2 \cdot L_2}{\pi^2 D_2^{\,5} g} = \frac{8 \cdot 0.018 \cdot 4}{\pi^2 0.15^5 g} + \frac{8 \cdot 0.018 \cdot 300}{\pi^2 0.25^5 g}$$
$$= 78.342 + 456.893 = 535.23 \frac{mca}{\left(\frac{m^3}{s}\right)^2}$$

$$H^R = 30 + 535.23Q^2 + 50Q^2 = 30 + 585.23\,Q^2$$

Esta curva resistente de la instalación no cambiará mientras no se modifiquen las características de la instalación.

En el primer caso, si sólo está funcionando una bomba, el punto de funcionamiento de ésta estará en la intersección de su curva con la curva resistente. Gráficamente:

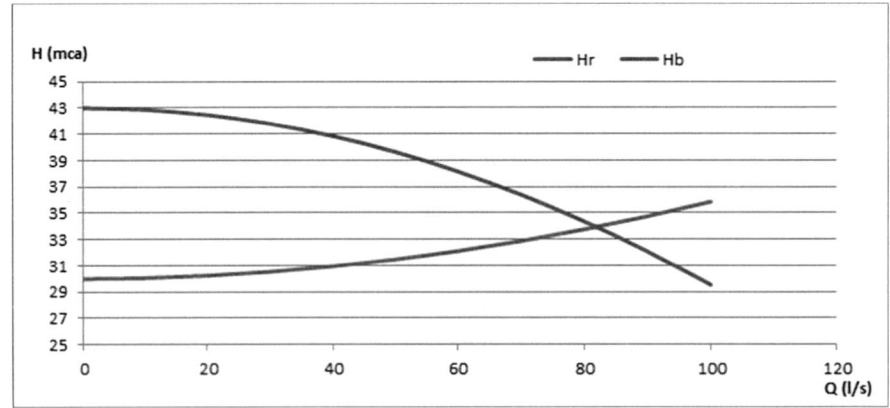

Y analíticamente igualamos $H^R = H_B$:

$$H^R = H_B$$

$$H^R = 30 + 585.23\,Q^2 = H_B = 43 - 1348\,Q^2$$

Despejamos Q:

$$Q = 0.082\ m^3/s$$

Para conocer la altura de la bomba, sustituimos el valor de Q en su curva característica:

$$H_B = 43 - 1348\, Q^2 = 43 - 1348\,(0.082)^2 = 33.935\ mca$$

Por tanto, el punto de funcionamiento de una bomba es

$$(Q = 0.082\,\frac{m^3}{s}\ H = 33.935\ mca)$$

Para calcular la potencia consumida, necesitamos saber el rendimiento de la bomba funcionando es este punto. A partir de su curva de rendimiento:

$$\eta = 21.3Q - 143.2Q^2 = 21.3\,(0.082) - 143.2\,(0.082)^2 = 0.7837$$

Por tanto, la potencia consumida por la bomba para ese punto de funcionamiento:

$$P_C = \frac{\gamma Q_b H_b}{\eta} = \frac{9810 \cdot 0.082 \cdot 33.935}{0.7837} = 34833\ W = 34.833\ kW$$

Apartado b)

Si ahora funcionan dos bombas en paralelo, el caudal que circule por la instalación será la suma del caudal que aporte cada bomba, y como ambas son iguales, cada bomba aportará la mitad del caudal que llega al depósito. La curva resistente de la instalación, no cambia ya que no lo hacen las características de la instalación (supuesto constante y conocido el factor de fricción), entonces:

$$H^R = H_B$$

Pero ahora el caudal que aporta cada bomba es la mitad (hay dos) que el caudal total. Gráficamente:

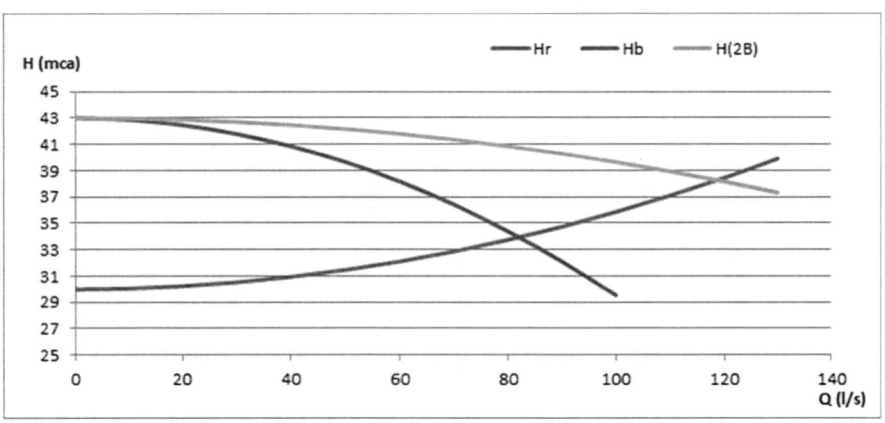

Analíticamente, igualamos ambas gráficas:

$$H^R = 30 + 585.23\, Q^2 = H_{2B} = 43 - 1348\left(\frac{Q}{2}\right)^2$$

De donde despejamos el valor del caudal que circulará por la instalación:

$$Q = 0.118 \; m^3/s$$

Para conocer la altura de la bomba, sustituimos el valor del caudal que da cada una de las bombas (la mitad del que circula, 59.36 l/s) en su curva característica:

$$H_B = 43 - 1348 \left(\frac{Q}{2}\right)^2 = 43 - 1348 \left(\frac{0.118}{2}\right)^2 = 59.36 \; mca$$

Por tanto el punto de funcionamiento de una bomba es $(Q = 0.059 \frac{m^3}{s};$ $H = 38.24 \; mca)$. Y el caudal total que circula hacia el depósito será 118 l/s.

Para calcular la potencia consumida, necesitamos saber el rendimiento de la bomba funcionando es este punto. A partir de su curva de rendimiento:

$$\eta = 21.3Q - 143.2Q^2 = 21.3 \,(0.059) - 143.2 \,(0.059)^2 = 0.7598$$

Por tanto, la potencia consumida por una bomba para ese punto de funcionamiento:

$$P_C = \frac{\gamma Q_b H_b}{\eta} = \frac{9810 \cdot 0.059 \cdot 38.24}{0.7598} = 29316 \; W = 29.316 \; kW$$

Para toda la instalación la potencia consumida, será la de dos bombas: 2x29.316=58.63 kW

$$P_{C\_2B} = \frac{\gamma Q_b H_b}{\eta} = \frac{9810 \cdot 0.118 \cdot 38.24}{0.7598} = 58.63 \; kW$$

Apartado c)

Ahora sólo funciona una bomba, y el caudal impulsado queremos que sea de 90 l/s. La curva resistente de la instalación continúa siendo la misma:

$$H^R = 30 + 535.23Q^2 + 50Q^2 = 30 + 585.23 \; Q^2$$

Por tanto, un caudal de 90 l/s requiere una altura de la bomba de:

$$H^R = 30 + 585.23 \,(0.09)^2 = 34.74 \; mca$$

Esa será la altura que deba dar la bomba, en este caso girando a velocidad variable:

$$H_B(\alpha) = 43 \cdot \alpha^2 - 1348 \, Q^2 = 34.74 \; mca$$

De aquí despejamos la velocidad de giro relativa:

$$34.74 = 43 \cdot \alpha^2 - 1348 \,(0.09)^2 \rightarrow \alpha = 1.03$$

Una velocidad de giro de 1.03 es un valor aceptable, porque implica que gira un 3% por encima de la velocidad nominal (inferior al límite del 5%). Calculamos el rendimiento a esa velocidad de giro para poder calcular la potencia:

$$\eta(\alpha) = \frac{21.3}{\alpha}Q - \frac{143.2}{\alpha^2}Q^2 = \frac{21.3}{1.03}0.09 - \frac{143.2}{1.03^2}0.09^2 = 0.768$$

Por tanto, la potencia consumida por la bomba para ese punto de funcionamiento:

$$P_C = \frac{\gamma Q_b H_b}{\eta} = \frac{9810 \cdot 0.09 \cdot 34.74}{0.768} = 39946\ W = 39.946\ kW$$

En este caso, la curva de la bomba que intersecta a la curva resistente en 90 l/s, es una curva paralela superior a la curva de la bomba nominal, y por tanto con una velocidad de giro mayor a la nominal (alfa mayor de uno).

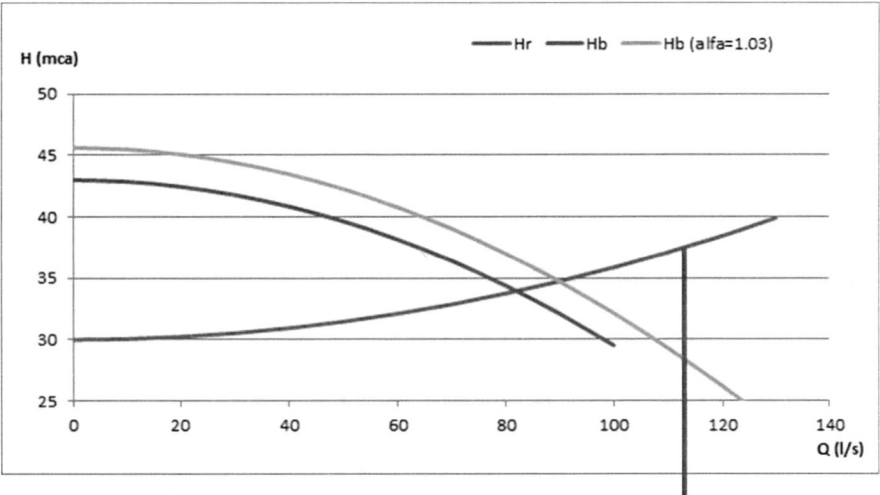

Apartado d)

Ahora funcionan dos bombas, y el caudal impulsado por ambas queremos que sea de 90 l/s, y las dos giran a una velocidad diferente de la nominal. La curva resistente de la instalación continúa siendo la misma:

$$H^R = 30 + 535.23Q^2 + 50Q^2 = 30 + 585.23\ Q^2$$

Por tanto, un caudal de 90 l/s requiere una altura de la bomba de ambas bombas de:

$$H^R = 30 + 585.23\ (0.09)^2 = 34.74\ mca$$

Esa será la altura que deba dar cada bomba de las dos instaladas en paralelo y girando a velocidad variable:

$$H_B(\alpha) = 43 \cdot \alpha^2 - 1348 \left(\frac{Q}{2}\right)^2 = 34.74 \; mca$$

De aquí despejamos la velocidad de giro relativa:

$$34.74 = 43 \cdot \alpha^2 - 1348 \left(\frac{0.09}{2}\right)^2 \rightarrow \alpha = 0.93$$

Una velocidad de giro de 0.93 es un valor aceptable, porque implica que gira un 7% por debajo de la velocidad nominal (superior al límite del 80%). Calculamos el rendimiento a esa velocidad de giro para poder calcular la potencia:

$$\eta(\alpha) = \frac{21.3}{\alpha} \left(\frac{Q}{2}\right) - \frac{143.2}{\alpha^2} \left(\frac{Q}{2}\right)^2 = \frac{21.3}{0.93} \left(\frac{0.09}{2}\right) - \frac{143.2}{0.93^2} \left(\frac{0.09}{2}\right)^2 = 0.6953$$

Por tanto la potencia consumida por la bomba para ese punto de funcionamiento:

$$P_C(1B) = \frac{\gamma Q_b H_b}{\eta} = \frac{9810 \cdot \dfrac{0.09}{2} \cdot 34.74}{0.6953} = 22054 \; W = 22.054 \; kW$$

$$P_C(2B) = 22.054 \cdot 2 = 44.108 \; kW$$

En este caso, una única bomba girando al 93% (curva verde) intersecta a la curva resistente en 60 l/s, como nos interesan 90 l/s necesitamos poner dos bombas en paralelo, que girado ambas al 93% (curva morada) intersecta a la curva resistente en los 90 l/s.

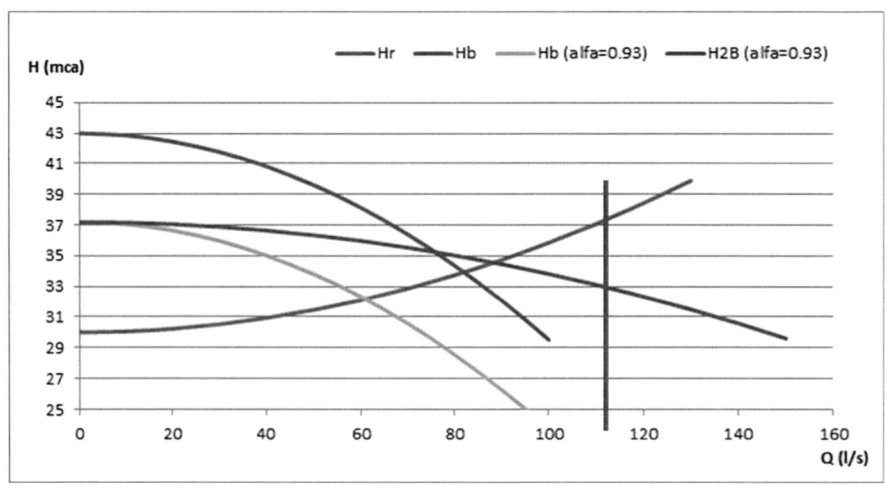

Apartado e)

Ahora funcionan dos bombas, y el caudal impulsado por ambas queremos que sea de 90 l/s, una gira a velocidad fija y la otra a velocidad diferente de la nominal. La curva resistente de la instalación continúa siendo la misma:

$$H^R = 30 + 535.23Q^2 + 50Q^2 = 30 + 585.23\ Q^2$$

Por tanto, un caudal de 90 l/s requiere una altura de la bomba de ambas bombas de:

$$H^R = 30 + 585.23\ (0.09)^2 = 34.74\ mca$$

Para la BVF, debe aportar una altura de 34.74 mca, por tanto, el caudal de la BVF será de:

$$H_B(BVF) = 43 - 1348\ Q^2 = 34.74\ mca \rightarrow Q = 0.0783\ m^3/s$$

Para esta primera bomba, BVF, en el punto de funcionamiento su rendimiento y su potencia serán:

$$\eta(BVF) = 21.3Q - 143.2Q^2 = 21.3\ (0.0783) - 143.2\ (0.0783)^2 = 0.789$$

Por tanto, la potencia consumida por la BVF para ese punto de funcionamiento:

$$P_C(BVF) = \frac{\gamma Q_b H_b}{\eta} = \frac{9810 \cdot 0.0786 \cdot 34.74}{0.789} = 33913\ W = 33.913\ kW$$

Por tanto, el resto de caudal (0.09-0.0783=0.0117 m³/s), lo debe aportar la bomba de velocidad variable:

$$H_B(BVV) = 34.74 = 43 \cdot \alpha^2 - 1348\ Q^2 = 43 \cdot \alpha^2 - 1348\ (0.0117)^2 \rightarrow \alpha = 0.901$$

En ese punto de funcionamiento, su rendimiento:

$$\eta(BVV) = \frac{21.3}{\alpha}Q - \frac{143.2}{\alpha^2}Q^2 = \frac{21.3}{0.9}(0.0117) - \frac{143.2}{0.9^2}(0.0117)^2$$
$$= 0.2527 (rendimiento\ inaceptable)$$

Por tanto, la potencia consumida por la BVF para ese punto de funcionamiento:

$$P_C(BVV) = \frac{\gamma Q_b H_b}{\eta} = \frac{9810 \cdot 0.0117 \cdot 34.74}{0.2527} = 15779\ W = 15.779\ kW$$

La potencia total consumida por la instalación será:

$$P_C = P_C(BVF) + P_C(BVV) = 33.913 + 15.779 = 49.69\ kW$$

Apartado f)

Seleccionaríamos la opción c, que es la que menos potencia consume, es decir poner una sola bomba a girar un poco por encima de su velocidad nominal.

Problema 3

Se desea equipar una estación de bombeo para alimentar de agua a un proceso industrial tal como se indica en la figura. El proceso requiere un caudal muy variable, entre 20 y 90 l/s y una presión mínima de 20 mca (Punto C) para funcionar. En el momento de máxima demanda del proceso, la válvula a la entrada de éste se encuentra totalmente abierta, cerrando parcialmente para el resto de situaciones si fuera necesario. Se indica la cota de los diferentes puntos.

En la estación de bombeo se van a instalar tres bombas iguales, girando a 2900 rpm, de manera que el número de bombas en marcha se adaptará al caudal demandado por el sistema. Admitiendo que las pérdidas en la estación de bombeo son despreciables, y para los datos indicados en la figura, determinar:

a) Elección de las bombas a partir de la información de catálogo adjunta. Para las bombas elegidas se adoptará uno de los diámetros de rodete ya ofrecidos por el fabricante (los diámetros de los rodetes de serie son los que se indican en las curvas de potencia).

$$GNI/RNI \ 65 - 20/40$$

b) Admitiendo que el nivel mínimo del agua en el depósito de aspiración es el indicado en la figura. ¿Cavitarán las bombas seleccionadas en el caso de impulsar el caudal máximo (suponer un caudal impulsado por cada bomba de 30l/s)? Justificar la respuesta.

No cavitarán

c) Finalmente se instala tres bombas iguales cuya curva característica es $H_b=65-10700Q^2$ (con Q en m³/s y H en mca). Se equipa una de ellas con un variador de frecuencia para que ésta pueda adaptar su velocidad de giro al caudal mínimo de la instalación y evitar regular el caudal con la válvula (la válvula permanece completamente abierta). Calcular cuando se demanda el caudal mínimo y sólo funciona una bomba girando a velocidad variable, ¿Cuál será la velocidad de giro relativa de ésta?

$$\alpha = 0.762$$

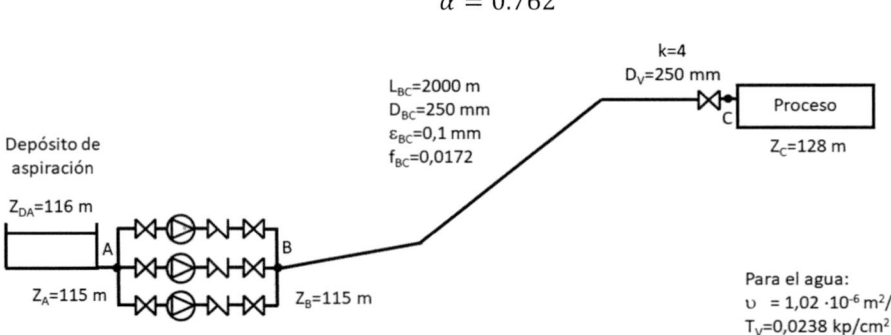

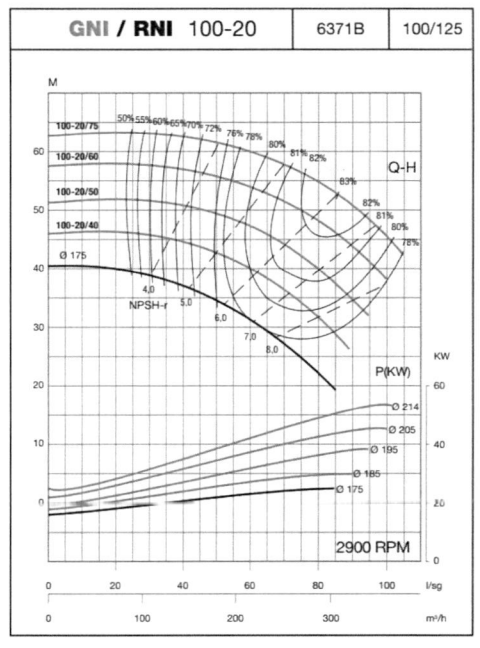
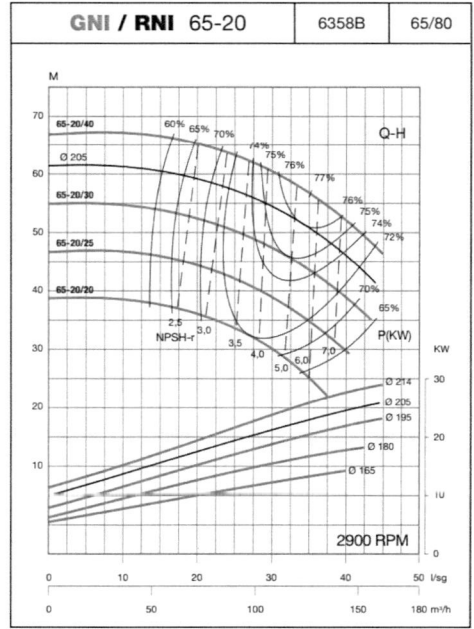

Solución

Apartado a)

Cálculo de la curva resistente de la instalación:

Conocido el diámetro de las tuberías y el resto de características de la red, se puede calcular la curva resistente de la instalación, y puntos de funcionamiento.

a.1. Resistencia de la tubería (calculando el valor de Re para un caudal de 90 l/s):

$$Re_{BC} = 449378.66; \ f_{BC} = 0,01722;$$

$$R_{BC} = \frac{8 f_{BC} L_{BC}}{\pi^2 D_{BC}{}^5 g} = \frac{8 \cdot 0.01722 \cdot 2000}{\pi^2 0,250^5 g} = 2915.07 \ m / \left(\frac{m^3}{s}\right)^2$$

a.2. Resistencia de los elementos, como se indica que los elementos que acompañan a las bombas tienen resistencia despreciable, sólo contamos con las pérdidas que introduce la válvula a la entrada del proceso que aunque se encuentra totalmente abierta introduce pérdidas (125mm):

$$K_V = \frac{8k}{\pi^2 D_V^4 g} = \frac{8 \cdot 4}{\pi^2 \cdot 0,2^4 \ g} = 206.57 \ m / \left(\frac{m^3}{s}\right)^2$$

171

a.3. Expresión de la curva resistente de la instalación.

$$H^R = H_g + RQ^2 + KQ^2 = \left((128 - 116) + 20\right) + 2915.07\ Q_t^2 + 206.57\ Q_t^2$$
$$= 32 + 3121.64 Q_t^2$$

La elección de las bombas se realizará para el caudal máximo que se espera que circule por la instalación, 90l/s (que se corresponde con 30 l/s por cada bomba y conjunto de válvulas). En este caso la altura de bombeo será:

$$H^R = 32 + 3121.64 \cdot 0.09^2 = 57.28 mca$$

Por tanto, se debe seleccionar una bomba, teniendo en cuenta que cuando se demande el caudal máximo se espera que haya tres bombas funcionando en paralelo, que pueda funcionar en el punto (30 l/s; 57.28 mca). Según el catálogo proporcionado:

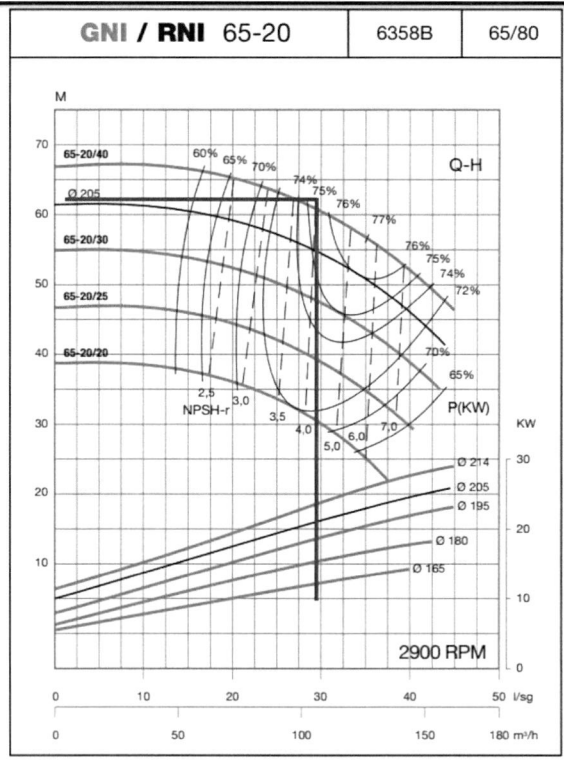

Como nos indican que debemos seleccionar una de las bombas de serie que ofrece el fabricante, seleccionamos la que queda por encima del punto de funcionamiento calculado, esto es la bomba **GNI/RNI 65-20/40**.

Apartado b)

Para comprobar si el conjunto de bombas cavitará, debemos comprobar si, en cualquiera de las situaciones (1, 2 ó 3 bombas en marcha):

$$NPSHd \geq NPSHr + FS$$

Calculamos el NPSHd, teniendo en cuenta que las pérdidas en las válvulas de la aspiración son despreciables:

$$NPSHd = \frac{P_{atm}}{\gamma} - \Delta z_{asp} - T_V - h_{asp} = 10,33 - (116 - 115) - \frac{0.0238 \cdot 10^4}{1000} - 0 = 9.092$$

Para la bomba seleccionada (GNI/RNI 65-20/40), y teniendo en cuenta todos los posibles funcionamientos, el caudal puede ir desde los 20 l/s (caudal mínimo funcionando sólo una bomba) o 30 l/s (caudal máximo funcionando las tres bombas). En estos casos el NPSHr según el catálogo se moverá entre 2.5 y 4.1.

En cualquier caso:

$$9.092 > [2.5\,, 4.1] + 1.5$$

Las bombas NO CAVITARÁN.

Apartado c)

Cuando sólo funciona una bomba, teniendo en cuenta que las pérdidas en la estación de bombeo son despreciables, la curva resiente es la misma que la del primer apartado.

$$H^R = 32 + 3121.64 \cdot Q^2$$

Si ajustáramos el valor del factor de fricción para el caudal circulante ahora de 20 l/s, la nueva curva resistente, sería:

$$H^R = 32 + 3586.57 \cdot Q^2$$

Cualquiera de las dos sería válido. La altura requerida por la BVV para el caudal mínimo de 20 l/s, sería la altura que ésta debe aportar girando a velocidad variable:

$$H^R = 32 + 3586.57 \cdot Q^2 = H_B(\alpha) = 65\alpha^2 - 10700 \cdot Q^2$$

Para Q=20 l/s; H^R=33.43 mca lo que supone un $\alpha = 0.762$

Problema 4

Una red presenta una curva de consigna dada por la ecuación

$$H_{cc} = 70 + 1500Q^2$$

En la que H_{cc} es la altura piezométrica de consigna a la salida de la estación de bombeo (mca) y Q el caudal consumido por la red en m^3/s. Esta curva está calculada para lograr una presión mínima de 30 mca en el nudo más desfavorable de la red para cualquier caudal de suministro. La estación de bombeo se alimenta desde un depósito cuya lámina de agua está a una cota de 0 metros (se supone constante).

El sistema de bombeo dispone de una combinación de dos bombas iguales, cada una de ellas con una curva característica dada por:

$$H_b = 90 - 10000Q^2 \text{ (H en mca; Q en } m^3/s)$$

Una de las bombas es de velocidad fija y la otra dispone de variador de frecuencia para trabajar como bomba de velocidad variable, de manera que mediante el sistema de regulación se logra mantener la altura a la salida de la EB en el valor de consigna.

Las bombas tienen una curva de rendimiento al 100 % a su velocidad de giro nominal dado por la expresión:

$$\eta_b = 46Q - 660Q^2 \text{ (} \eta \text{ en tanto por uno; Q en } m^3/s)$$

Se supone que el rendimiento del motor eléctrico es independiente de la carga del mismo y de valor 90 %, mientras que al rendimiento del variador de frecuencia es del 95 %.

a) Suponiendo que a la BVV solo se la permite girar hasta un 100 % de su velocidad nominal, determinar qué bombas estarán en funcionamiento cuando la demanda sea de 30 l/s. Calcular la potencia eléctrica consumida por la estación de bombeo para este caudal.

$$P_e = 30.89kW$$

b) Determina qué bombas estarían funcionando y cómo para un caudal de consumo de 50 l/s. De nuevo, calcular la potencia eléctrica consumida por la estación de bombeo para este caudal.

$$P_e = 61.22 \ kW$$

Solución

Apartado a)

Si se permite a la BVV funcionar sólo hasta el 100% de su velocidad nominal, el caudal en ese punto será (igualando la curva motriz a la curva de consigna):

$$H_{cc} = 70 + 1500Q^2 = H_b = 90 - 10000Q^2$$

$$Q = 0.0417m^3/s$$

Como el caudal de una sola bomba girando a velocidad nominal son 0.0417 m³/s mayor que los 0.03 m³/s que se demanda en este apartado, se supone que entonces sólo girará una bomba a velocidad menor de la nominal. En este caso su velocidad de giro sería:

$$H_{cc} = 70 + 1500Q^2 = H_b(\alpha) = 90 \cdot \alpha^2 - 10000Q^2$$

con Q=0.03m³/s:

$$H_{cc} = 70 + 1500 \cdot 0.03^2 = 71.35mca = H_b(\alpha) = 90 \cdot \alpha^2 - 10000 \cdot 0.03^2$$

$$\alpha = 0.945$$

El rendimiento de la bomba a esa velocidad será:

$$\eta_b = \frac{46}{\alpha}Q - \frac{660}{\alpha^2}Q^2 = \frac{46}{0.945}0.03 - \frac{660}{0.945^2}0.03^2 = 0.795$$

Y la potencia eléctrica consumida:

$$P_e = \frac{\gamma Q H}{\eta_b \eta_m \eta_v} = \frac{9.81 \cdot 0.03 \cdot 71.35}{0.795 \cdot 0.9 \cdot 0.95} = 30.89kW$$

Apartado b)

Como el caudal de una sola bomba girando a velocidad nominal son 0.0417 m³/s tal como hemos calculado antes, es menor que los 0.05 m³/s que se demandan en este apartado, se supone que entonces que funcionarán las dos bombas, una a velocidad fija y la otra a velocidad variable:

Para 50 l/s:

$$H_{cc}\left(\frac{50l}{s}\right) = 70 + 1500 \cdot 0.05^2 = 73.75mca$$

Para esa altura que requiere la instalación, la BVF impulsará un caudal de:

$$73.75mca = H_b = 90 - 10000 \cdot Q^2$$

$$Q_{BVF} = 0.04031 \, m^3/s$$

Por tanto, la BVV deberá aportar el resto del caudal:

$$Q_T = Q_{BVF} + Q_{BVV} = 0.05 = 0.04031 + Q_{BVV}$$

$$Q_{BVV} = 0.00969 \ m^3/s$$

La velocidad de giro de la BVV para ese caudal:

$$73.75mca = H_b(\alpha) = 90 \cdot \alpha^2 - 10000 \cdot 0.00969^2$$

$$\alpha = 0.911$$

Calculamos el rendimiento de cada una de las bombas:

$$\eta_{BVF} = 46Q - 660Q^2 = 46 \cdot 0.04031 - 660 \cdot 0.04031^2 = 0.782 \ (78.2\%)$$

$$\eta_{BVV} = \frac{46}{\alpha}Q - \frac{660}{\alpha^2}Q^2 = \frac{46}{0.911}0.00969 - \frac{660}{0.911^2}0.00969^2 = 0.4146 \ (41.43\%)$$

Y las potencias consumidas por cada una de ellas:

$$P_{e,BVF} = \frac{\gamma Q H}{\eta_b \eta_m} = \frac{9.81 \cdot 0.04031 \cdot 73.75}{0.782 \cdot 0.9} = 41.44 kW$$

$$P_{e,BVV} = \frac{\gamma Q H}{\eta_b \eta_m \eta_v} = \frac{9.81 \cdot 0.00969 \cdot 73.75}{0.4146 \cdot 0.9 \cdot 0.95} = 19.78 kW$$

La potencia eléctrica total consumida en la estación de bombeo será la suma de ambas:

$$P_e = P_{e,BVF} + P_{e,BVV} = 41.44 + 19.78 = 61.22 \ kW$$

Problema 5

Se cuenta con una tubería de longitud 3000 m y de diámetro 400mm.

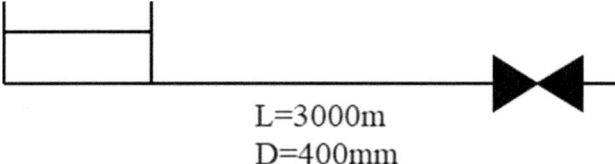

L=3000m
D=400mm

Teniendo en cuenta que la celeridad de la onda es de 1100 m/s, se pide.

Estando la válvula inicialmente abierta, el caudal que circula es de 100 l/s. Se decide cerrar parcialmente la válvula de modo que el caudal que circule al final de la maniobra de cierre sea de 15 l/s. El tiempo que se emplea en cerrar parcialmente la válvula es de 5 segundos

a) Determinar si se trata de un cierre rápido o lento:

$$Rápido$$

b) Calcular el valor del pulso de Joukowsky

$$\Delta H = 75.84 \, mca$$

c) En el caso que se alcanzara el pulso de Joukowsky en algún punto de la tubería, determinar la longitud del mismo:

$$x = 250 \, m$$

Si estando la válvula abierta inicialmente, la presión aguas arriba de la válvula era de 10 mca.

d) Determinar el tiempo que debe durar la maniobra de cerrar totalmente la válvula, de modo que la presión mínima que llegue a alcanzarse aguas arriba de la misma no baje de -5 mca:

$$T_c = 32.45 \, s$$

Solución

Apartado a)

Determinamos si 5 segundos para este cierre concreto se considera cierre lento o rápido. Si Tc mayor que 2L/a es lento, si Tc menor que 2L/a, es rápido:

$$\frac{2L}{a} = \frac{2 \cdot 3000}{1100} = 5.45s$$

Como $5s < 5.45s$, se trata de un cierre RÁPIDO, y por tanto SÍ se alcanzará el pulso de Joukowsky.

Apartado b)

El valor del pulso de Joukowsky, es decir la máxima sobrepresión será:

$$\Delta H = -a\frac{\Delta V}{g}$$

Por tanto, primero debemos calcular cuál es la variación de la velocidad antes y después el cierre:

$$v_{inicial} = \frac{Q_{inicial}}{A} = \frac{0.1}{\frac{\pi D^2}{4}} = 0.796 \, m/s$$

$$v_{final} = \frac{Q_{final}}{A} = \frac{0.015}{\frac{\pi D^2}{4}} = 0.119 \, m/s$$

$$\Delta V = v_{final} - v_{inicial} = 0.119 - 0.796 = -0.676 \, m/s$$

$$\Delta H = -a\frac{\Delta V}{g} = -1100 \cdot \frac{-0.676}{g} = 75.84 \, mca$$

Apartado c)

Como se trata de un cierre rápido, sí se alcanza. El tramo de tubería afectada por esta sobrepresión será:

$$\frac{L}{a} + \frac{L-x}{a} = T_C + \frac{x}{a}$$

Donde x, será el tramo de la tubería afectada:

$$\frac{3000}{1100} + \frac{3000-x}{1100} = 5 + \frac{x}{1100} \rightarrow x = 250m$$

Esos 250 m, que la tubería se ve afectada por la sobrepresión máxima son desde la válvula hacia aguas arriba, es decir, 2750m desde el depósito no se verán afectados por la sobrepresión máxima.

Apartado d)

Si la presión inicialmente era de 10 mca, y la presión mínima a alcanzar es de -5 mca, la máxima variación de presión que puede darse será:

$$\Delta H = 10 - (-5) = 15 \; mca$$

El valor máximo admisible del pulso de presión será de 15 mca.

Si se diera un cierre rápido, entonces el pulso máximo que se daría coincidiría con el pulso de Joukowsky, y valdría, teniendo en cuenta que la velocidad final es cero pues la válvula se cierra totalmente:

$$\Delta H = -a \frac{\Delta V}{g} = -1100 \cdot \frac{(0 - v_{inicial})}{g} = -1100 \cdot \frac{(0 - 0.796)}{g} = 89.25 \; mca$$

Un pulso mucho mayor que el admisible, por tanto, no puede darse un cierre rápido, se requiere una maniobra lenta. Si el cierre es lento, la magnitud de la sobrepresión la calculamos a partir de la fórmula de Michaud:

$$\Delta H = \frac{2LV_o}{gT_c} = \frac{2 \cdot 3000 \cdot 0.796}{gT_c} = 15 \; mca \rightarrow T_c = 32.45 \; s$$

Para que no descienda más de -5mca, la válvula tiene que cerrarse desde la posición inicial en un tiempo superior a 32.45 s. Si se cerrara más rápido, el pulso sería mayor, y la presión alcanzada a la entrada de la válvula sería inferior a los -5mca.

Capítulo 10
Introducción al flujo en lámina libre

10.1 Resultados de aprendizaje

Finalmente se aborda la introducción al flujo en lámina libre. El estudiantado conocerá las ecuaciones básicas que rigen el movimiento en lámina libre, así como su clasificación. El uso de estas expresiones permitirá caracterizar hidráulicamente canales prismáticos. Los resultados de aprendizaje a alcanzar en este capítulo son:

- Enumerar los parámetros hidráulicos básicos que caracterizan una sección hidráulica en lámina libre
- Determinar número de Froude de un canal
- Estimar el caudal circulante
- Determinar el calado en régimen permanente
- Calcular el calado crítico de una sección
- Hallar el valor de energía específica en una sección

10.2 Objetos de aprendizaje de ayuda para la adquisición de los resultados de aprendizaje

A continuación, se adjuntan los objetos de aprendizaje que pueden ser de utilidad para alcanzar los resultados de aprendizaje establecidos en el apartado anterior.

POLIMEDIA	LINK	CÓDIGO QR
Introducción al cálculo a lámina libre	http://hdl.handle.net/10251/82998	

10.3 Problemas

Problema 1

Calcular la pendiente que habría que darle a un canal en función de su geometría, si siendo de hormigón (n=0.012) se desea que transporte un caudal de 650 l/s:

a) Si se trata de un canal rectangular de 700 mm de ancho con un calado de 620 mm.

$$pendiente = 2.3 \text{ ‰}$$

b) Si se trata de un canal trapezoidal de 700 mm de ancho superior (de tirante) con un calado de 620 mm, y un ángulo de sus lados de 70° con la horizontal.

$$pendiente = 6.5 \text{ ‰}$$

c) Si se trata de una tubería circular 700 mm con un calado de 620 mm.

$$pendiente = 4.46 \text{ ‰} \ (por \ tablas); 3.75‰ \ (por \ curvas)$$

Solución

Apartado a)

Si se trata de un canal rectangular de 700 mm de ancho con un calado de 620 mm.

Aplicamos la ecuación de Manning:

$$Q = \frac{1}{n} A R_h^{2/3} S^{1/2}$$

Calculamos el radio hidráulico y el área:

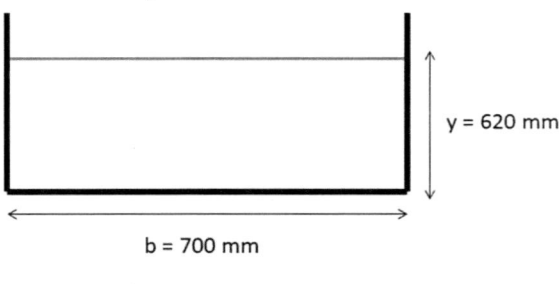

$$y = 620 \text{ mm}$$

$$b = 700 \text{ mm}$$

$$A = by = 0.7 \cdot 0.62 = 0.434 \ m^2$$

$$p_m = b + 2y = 0.7 + 2 \cdot 0.62 = 1.94 \ m$$

$$R_h = \frac{A}{p_m} = \frac{0.434 \ m^2}{1.94 \ m} = 0.224 \ m$$

Sustituimos en la ecuación de Manning:

$$Q = \frac{1}{n}AR_h^{2/3}S^{1/2} = 0.65 = \frac{1}{0.012}0.434 \cdot 0.224^{2/3}S^{1/2}$$

De aquí que la pendiente necesaria en el caso rectangular sea:

$$S = 0.0023 = 2.3\text{‰}$$

Apartado b)

Si se trata de un canal trapezoidal de 700 mm de ancho superior (de tirante) con un calado de 620 mm, y un ángulo de su lado de 70° con la horizontal

Aplicamos la ecuación de Manning:

$$Q = \frac{1}{n}AR_h^{2/3}S^{1/2}$$

Calculamos el radio hidráulico y el área:

T = 700 mm

y = 620 mm

70º

$$b = T - 2\left(\frac{y}{tg70}\right) = 0.7 - 2\left(\frac{0.62}{tg70}\right) = 0.248$$

$$A = by + 2\left(\frac{ay}{2}\right) = 0.248 \cdot 0.62 + 2\left(\frac{\frac{0.62}{tg70} \cdot 0.62}{2}\right) = 0.294\ m^2$$

$$p_m = b + 2\frac{y}{sen70} = 0.248 + 2 \cdot \frac{0.62}{sen70} = 1.567\ m$$

$$R_h = \frac{A}{p_m} = \frac{0.294\ m^2}{1.567\ m} = 0.187\ m$$

Sustituimos en la ecuación de Manning:

$$Q = \frac{1}{n}AR_h^{2/3}S^{1/2} = 0.65 = \frac{1}{0.012}0.294 \cdot 0.187^{2/3}S^{1/2}$$

De aquí que la pendiente necesaria en el caso rectangular sea:

$$S = 0.0065 = 6.5\text{‰}$$

Apartado c)

Si se trata de una tubería circular 700 mm con un calado de 620 mm.

Utilizando las tablas de Thorman y Franke:

$$\frac{y}{D} = \frac{0.62}{0.7} = 0.885 \rightarrow \frac{Q}{Q_{ll}} = 0.97; \frac{v}{v_{ll}} = 1.04$$

$$\frac{Q}{Q_{ll}} = 0.97 \rightarrow Q_{ll} = \frac{0.65}{0.97} = 0.6701 m^3/s$$

Q/Qll	y/D	v/vll	Q/Qll	y/D	v/vll	Q/Qll	y/D	v/vll	Q/Qll	y/D	v/vll
0,001	0,023	0,17	0,056	0,158	0,55	0,155	0,263	0,74	0,660	0,600	1,05
0,002	0,032	0,21	0,057	0,159	0,56	0,160	0,268	0,74	0,670	0,607	1,06
0,003	0,038	0,24	0,058	0,160	0,56	0,165	0,272	0,75	0,680	0,613	1,06
0,004	0,044	0,26	0,059	0,162	0,56	0,170	0,276	0,76	0,690	0,620	1,06
0,005	0,049	0,28	0,060	0,163	0,57	0,175	0,281	0,76	0,700	0,626	1,06
0,006	0,053	0,29	0,061	0,164	0,57	0,180	0,285	0,77	0,710	0,633	1,06
0,007	0,057	0,30	0,062	0,166	0,57	0,185	0,289	0,77	0,720	0,640	1,07
0,008	0,061	0,32	0,063	0,167	0,57	0,190	0,293	0,78	0,730	0,646	1,07
0,009	0,065	0,33	0,064	0,168	0,58	0,195	0,297	0,78	0,740	0,653	1,07
0,010	0,068	0,34	0,065	0,170	0,58	0,200	0,301	0,79	0,750	0,660	1,07
0,011	0,071	0,35	0,066	0,171	0,58	0,210	0,309	0,80	0,760	0,667	1,07
0,012	0,074	0,36	0,067	0,172	0,58	0,220	0,316	0,81	0,770	0,675	1,07
0,013	0,077	0,36	0,068	0,174	0,59	0,230	0,324	0,82	0,780	0,682	1,07
0,014	0,080	0,37	0,069	0,175	0,59	0,240	0,331	0,83	0,790	0,689	1,07
0,015	0,083	0,38	0,070	0,176	0,59	0,250	0,339	0,84	0,800	0,697	1,07
0,016	0,086	0,39	0,071	0,177	0,59	0,260	0,346	0,85	0,805	0,701	1,08
0,017	0,088	0,39	0,072	0,179	0,59	0,270	0,353	0,86	0,810	0,705	1,08
0,018	0,091	0,40	0,073	0,180	0,60	0,280	0,360	0,86	0,815	0,709	1,08
0,019	0,093	0,41	0,074	0,181	0,60	0,290	0,367	0,87	0,820	0,713	1,08
0,020	0,095	0,41	0,075	0,182	0,60	0,300	0,374	0,88	0,825	0,717	1,08
0,021	0,098	0,42	0,076	0,183	0,60	0,310	0,381	0,89	0,830	0,721	1,08
0,022	0,100	0,42	0,077	0,185	0,61	0,320	0,387	0,89	0,835	0,725	1,08
0,023	0,102	0,43	0,078	0,186	0,61	0,330	0,394	0,90	0,840	0,729	1,07
0,024	0,104	0,43	0,079	0,187	0,61	0,340	0,401	0,91	0,845	0,734	1,07
0,025	0,106	0,44	0,080	0,188	0,61	0,350	0,407	0,92	0,850	0,738	1,07
0,026	0,108	0,45	0,081	0,189	0,62	0,360	0,414	0,92	0,855	0,742	1,07
0,027	0,110	0,45	0,082	0,191	0,62	0,370	0,420	0,93	0,860	0,747	1,07
0,028	0,112	0,45	0,083	0,192	0,62	0,380	0,426	0,93	0,865	0,751	1,07
0,029	0,114	0,46	0,084	0,193	0,62	0,390	0,433	0,94	0,870	0,756	1,07
0,030	0,116	0,46	0,085	0,194	0,62	0,400	0,439	0,95	0,875	0,761	1,07
0,031	0,118	0,47	0,086	0,195	0,63	0,410	0,445	0,95	0,880	0,766	1,07
0,032	0,120	0,47	0,087	0,196	0,63	0,420	0,451	0,96	0,885	0,770	1,07
0,033	0,122	0,48	0,088	0,197	0,63	0,430	0,458	0,96	0,890	0,775	1,07
0,034	0,123	0,48	0,089	0,199	0,63	0,440	0,464	0,97	0,895	0,781	1,07
0,035	0,125	0,48	0,090	0,200	0,63	0,450	0,470	0,97	0,900	0,786	1,07
0,036	0,127	0,49	0,091	0,201	0,64	0,460	0,476	0,98	0,905	0,791	1,07
0,037	0,129	0,49	0,092	0,202	0,64	0,470	0,482	0,99	0,910	0,797	1,07
0,038	0,130	0,50	0,093	0,203	0,64	0,480	0,488	0,99	0,915	0,802	1,06
0,039	0,132	0,50	0,094	0,204	0,64	0,490	0,494	1,00	0,920	0,808	1,06
0,040	0,134	0,50	0,095	0,205	0,64	0,500	0,500	1,00	0,925	0,814	1,06
0,041	0,135	0,51	0,096	0,206	0,65	0,510	0,506	1,00	0,930	0,821	1,06
0,042	0,137	0,51	0,097	0,207	0,65	0,520	0,512	1,01	0,935	0,827	1,06
0,043	0,138	0,51	0,098	0,208	0,65	0,530	0,519	1,01	0,940	0,834	1,05
0,044	0,140	0,52	0,099	0,210	0,65	0,540	0,525	1,02	0,945	0,841	1,05
0,045	0,141	0,52	0,100	0,211	0,65	0,550	0,531	1,02	0,950	0,849	1,05
0,046	0,143	0,52	0,105	0,216	0,66	0,560	0,537	1,02	0,955	0,856	1,05
0,047	0,145	0,53	0,110	0,221	0,67	0,570	0,543	1,03	0,960	0,865	1,04
0,048	0,146	0,53	0,115	0,226	0,68	0,580	0,550	1,03	0,965	0,874	1,04
0,049	0,148	0,53	0,120	0,231	0,69	0,590	0,556	1,03	0,970	0,883	1,04
0,050	0,149	0,54	0,125	0,236	0,69	0,600	0,562	1,04	0,975	0,894	1,03
0,051	0,151	0,54	0,130	0,241	0,70	0,610	0,568	1,04	0,980	0,905	1,03
0,052	0,152	0,54	0,135	0,245	0,71	0,620	0,575	1,04	0,985	0,919	1,02
0,053	0,153	0,55	0,140	0,250	0,72	0,630	0,581	1,05	0,990	0,935	1,02
0,054	0,155	0,55	0,145	0,254	0,72	0,640	0,587	1,05	0,995	0,955	1,01
0,055	0,156	0,55	0,150	0,259	0,73	0,650	0,594	1,05	1,000	1,000	1,00

Calculamos la geometría del conducto como si fuera completamente lleno:

$$A = \frac{\pi D^2}{4} = \frac{\pi 0.7^2}{4} = 0.3848 \; m^2$$

$$p_m = \pi D = 2.199 m$$

$$R_h = \frac{A}{p_m} = \frac{0.3848 \; m^2}{2.199 \; m} = 0.175 \; m$$

Aplicamos la ecuación de Manning, como si se tratara del conducto completamente lleno:

$$Q_{ll} = \frac{1}{n} A R_h^{2/3} S^{1/2}$$

$$0.6701 = \frac{1}{0.012} 0.3848 \cdot 0.175^{2/3} S^{1/2}$$

$$S = 0.00446 = 4.46‰$$

Si utilizamos la gráfica en lugar de las tablas:

$$\frac{y}{D} = \frac{0.62}{0.7} = 0.885 \rightarrow \frac{Q}{Q_{ll}} = 1.06; \; \frac{v}{v_{ll}} = 1.119$$

$$\frac{Q}{Q_{ll}} = 1.06 \rightarrow Q_{ll} = \frac{0.65}{1.06} = 0.6132 m^3/s$$

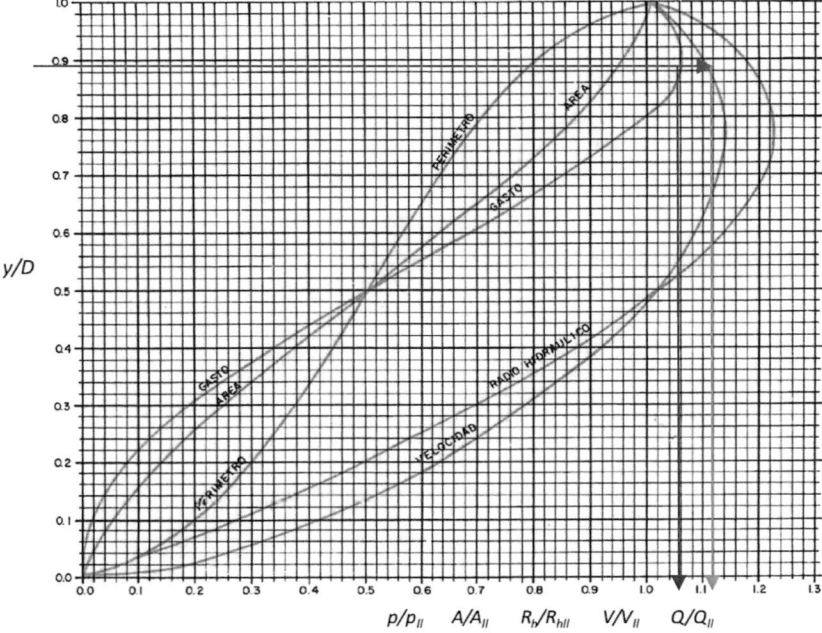

$$p/p_{ll} \quad A/A_{ll} \quad R_h/R_{hll} \quad V/V_{ll} \quad Q/Q_{ll}$$

Aplicamos la ecuación de Manning, como si se tratara del conducto completamente lleno:

$$Q_{ll} = \frac{1}{n} A R_h^{2/3} S^{1/2}$$

$$0.6132 = \frac{1}{0.012} 0.3848 \cdot 0.175^{2/3} S^{1/2}$$

$$S = 0.00375 = 3.75\text{‰}$$

Problema 2

Para las secciones del problema 1, en las condiciones de funcionamiento anteriores, determinar si se trata de flujo crítico, subcrítico o supercrítico:

a) Flujo subcrítico

b) Flujo supercrítico

c) Flujo subcrítico

Solución

Apartado a)

Calculamos el número de Froude para determinar si se trata de flujo supercrítico o subcrítico. Para el caso de la sección rectangular:

$$Fr^2 = \frac{v^2}{g \cdot y}$$

A partir del valor del caudal y la sección, calculamos la velocidad:

$$v = \frac{Q}{A} = \frac{0.65}{0.434} = 1.498 \, m/s$$

$$Fr^2 = \frac{v^2}{g \cdot y} = \frac{1.498^2}{g \cdot 0.62} \rightarrow Fr = 0.607$$

Por tanto, como Fr=0.607<1, se trata de flujo subcrítico.

Apartado b)

Para la sección trapezoidal, en las condiciones de funcionamiento, calculamos el número de Froude:

$$Fr^2 = \frac{v^2 \cdot T}{g \cdot A}$$

Calculamos la velocidad:

$$v = \frac{Q}{A} = \frac{0.65}{0.294} = 2.21 \, m/s$$

$$Fr^2 = \frac{v^2 \cdot T}{g \cdot A} = \frac{2.21^2 \cdot 0.7}{g \cdot 0.294} \rightarrow Fr = 1.088$$

Por tanto, como Fr=1.088>1, se trata de flujo supercrítico (aunque muy cercano al flujo crítico).

Apartado c)

Para la sección circular, recurrimos a la expresión más general del número de Froude:

$$Fr^2 = \frac{Q^2 \cdot T(y)}{g \cdot A(y)}$$

Para el calado de 0.62 m, calculamos el área y el tirante:

$$T(y) = 2\sqrt{Dy - y^2} = 2\sqrt{0.7 \cdot 0.62 - 0.62^2} = 0.445m$$

$$\alpha = arcos\left(\frac{D - 2y}{D}\right) = arcos\left(\frac{0.7 - 2 \cdot 0.62}{0.62}\right) = 2.627rad$$

$$A(y) = \frac{D^2}{4}\left(\alpha - \frac{sen2\alpha}{2}\right) = 0.374 \ m^2$$

El Fr:

$$Fr^2 = \frac{0.65^2 \cdot 0.445}{g \cdot 0.374} \rightarrow Fr = 0.226$$

Por tanto, como Fr=0.226<1, se trata de flujo subcrítico

Problema 3

Calcular el caudal que podría transportar y la velocidad de circulación, de un canal en función de su geometría, si en todos los casos cuenta con una pendiente del 3 por mil y está construido en hormigón (n=0.012).

a) Si se trata de un canal rectangular de 800 mm de ancho con un calado de 700 mm.

$$Q = 1.026 \ m^3/s; = 1.83 \ m/s$$

b) Si se trata de un canal trapezoidal de 800 mm de ancho (base inferior) con un calado de 700 mm, y un ángulo de sus lados de 70° con la horizontal.

$$Q = 0.785 \ m^3/s; = 1.22 \ m/s$$

c) Si se trata de una tubería circular 800 mm con un calado de 700 mm

$$Q = 0.757 \ m^3/s; = 1.62 \ m/s$$

Solución

Apartado a)

Aplicamos la ecuación de Manning:

$$Q = \frac{1}{n} A R_h^{2/3} S^{1/2}$$

Calculamos el radio hidráulico y el área:

$$A = by = 0.8 \cdot 0.7 = 0.56 \ m^2$$

$$p_m = b + 2y = 0.8 + 2 \cdot 0.7 = 2.2 \ m$$

$$R_h = \frac{A}{p_m} = \frac{0.56 \ m^2}{2.2 \ m} = 0.254 \ m$$

Sustituimos en la ecuación de Manning:

$$Q = \frac{1}{n} A R_h^{2/3} S^{1/2} = \frac{1}{0.012} 0.56 \cdot 0.254^{2/3} 0.003^{1/2} = 1.026 \ m^3/s$$

De aquí que el caudal y la velocidad en el caso rectangular será:

$$Q = 1.026 \ m^3/s$$

$$v = \frac{Q}{A} = \frac{1.026}{0.56} = 1.83 m/s$$

Apartado b)

Aplicamos la ecuación de Manning:

$$Q = \frac{1}{n} A R_h^{2/3} S^{1/2}$$

Calculamos el radio hidráulico y el área:

$$A = 0.8 \cdot 0.7 + \frac{0.7 \cdot cos70 \cdot 0.7}{2} = 0.643 \ m^2$$

$$p_m = 0.8 + 2 \cdot 0.7 \cdot tg70 = 4.646 \ m$$

$$R_h = \frac{A}{p_m} = \frac{0.643 \ m^2}{4.646 \ m} = 0.138 \ m$$

Sustituimos en la ecuación de Manning:

$$Q = \frac{1}{n} A R_h^{2/3} S^{1/2} = \frac{1}{0.012} 0.643 \cdot 0.138^{2/3} 0.003^{1/2} = 0.785 \ m^3/s$$

De aquí que el caudal y la velocidad en el caso trapezoidal será:

$$Q = 0.785 \ m^3/s$$

$$v = \frac{Q}{A} = \frac{0.785}{0.643} = 1.22 m/s$$

Apartado c)

Utilizando las tablas de Thorman y Franke:

$$\frac{y}{D} = \frac{0.7}{0.8} = 0.875 \rightarrow \frac{Q}{Q_{ll}} = 0.965; \frac{v}{v_{ll}} = 1.04$$

Calculamos la geometría del conducto como si fuera completamente lleno:

$$A = \frac{\pi D^2}{4} = \frac{\pi 0.8^2}{4} = 0.5026 \ m^2$$

$$p_m = \pi D = 2.513 m$$

$$R_h = \frac{A}{p_m} = \frac{0.5026 \ m^2}{2.513 \ m} = 0.2 \ m$$

Aplicamos la ecuación de Manning, como si se tratara del conducto completamente lleno:

$$Q_{ll} = \frac{1}{n} A R_h^{2/3} S^{1/2}$$

$$Q_{ll} = \frac{1}{0.012} 0.5026 \cdot 0.2^{2/3} 0.003^{1/2}$$

$$Q_{ll} = 0.784 \ m^3/s$$

$$v_{ll} = \frac{Q_{ll}}{A_{ll}} = \frac{0.784}{0.5026} = 1.559 m/s$$

Por lo que el caudal circulante será:

$$\frac{Q}{Q_{ll}} = 0.965 \rightarrow Q = 0.965 \cdot 0.784 = 0.757 m^3/s$$

De aquí que el caudal en el caso circular será:

$$Q = 0.757 \; m^3/s$$

Por lo que la velocidad de circulación será:

$$\frac{v}{v_{ll}} = 1.04 \rightarrow v = 1.04 \cdot 1.559 = 1.62 \; m/s$$

Problema 4

Tenemos un canal de sección triangular simétrica, tal como se muestra en la figura, que equipa una central de agua. El canal tiene una longitud L=15000m y una pérdida de cota de 75 m, con un coeficiente de Manning n=0.011. Cuando transporta una caudal de 20 m³/s, se pide, determinar:

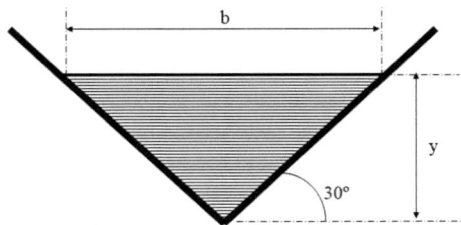

a) El calado de la sección.

$$y = 1.536\ m$$

b) Comprobar si se trata de flujo subcrítico o supercrítico.

$$Fr = 1.78 > 1 \rightarrow flujo\ supercrítico$$

Solución

Apartado a)

Aplicamos la ecuación de Manning:

$$Q = \frac{1}{n}AR_h^{2/3}S^{1/2}$$

Calculamos el radio hidráulico y el área, para ello aplicando trigonometría:

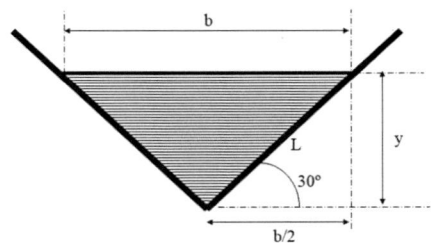

$$sen\ (30) = \frac{y}{L}\ ;\ cos\ (30) = \frac{b/2}{L}\ ;\ tg\ (30) = \frac{y}{b/2}$$

$$b = \frac{2y}{tg(30)}$$

$$A = \frac{by}{2} = \frac{\frac{2y}{tg(30)}y}{2} = \frac{y^2}{tg\ (30)} = 1.732y^2\ m^2$$

$$p_m = 2L = 2\frac{y}{sen\ (30)}\ m$$

$$R_h = \frac{A}{p_m} = \frac{\frac{y^2}{tg\ (30)}}{2\frac{y}{sen\ (30)}} = \frac{ysen(30)}{2tg(30)} = \frac{ycos(30)}{2} = 0.433y\ m$$

Para calcular la pendiente hay que tener en cuenta que el canal tiene una longitud de 15000m y en esa distancia la cota se reduce 75m, por tanto, la pendiente:

$$s = \frac{\Delta z}{L} = \frac{75m}{15000m} = 5 \cdot 10^{-3}$$

Sustituimos en la ecuación de Manning:

$$Q = \frac{1}{n} A R_h^{2/3} S^{1/2} = \frac{1}{0.011} \cdot 1.732 y^2 \cdot (0.433y)^{2/3} 0.005^{1/2} = 20 \; m^3/s$$

$$20 = 6.3723 \; y^{8/3} \rightarrow y = 1.536 \; m$$

Apartado b)

Para la sección triangular, recurrimos a la expresión más general del número de Froude:

$$Fr^2 = \frac{v^2 \cdot T(y)}{g \cdot A(y)}$$

Donde A/T se le denomina profundidad hidráulica D_H, por lo que la expresión anterior también puede expresarse como:

$$Fr = \frac{v}{\sqrt{g \cdot D_H}}$$

La velocidad media en el canal será:

$$v = \frac{Q}{A} = \frac{Q}{1.732 y^2} = \frac{20}{1.732 \cdot 1.536^2} = 4.89 m/s$$

Y la profundidad hidráulica, $D_H = \frac{A}{T}$, donde el tirante en este caso coincide con b:

$$D_H = \frac{A}{T} = \frac{1.732 y^2}{\frac{2y}{tg(30)}} = \frac{1.732 y \; tg(30)}{2} = \frac{1.732 \cdot 1.536 \cdot tg(30)}{2} = 0.768m$$

Por lo que el número de Froude, adimensional:

$$Fr = \frac{v}{\sqrt{g \cdot D_H}} = \frac{4.89 m/s}{\sqrt{9.81 \; m/s^2 \cdot 0.768m}} = 1.78$$

Como el número de Froude, es mayor que 1, se trata de un flujo supercrítico.

$$Fr = 1.78 > 1 \rightarrow flujo \; supercrítico$$

Problema 5

Para el colector visitable de la figura, con coeficiente de Manning n=0.012 y pendiente de solera del 4 por mil, se pide:

a) Determinar el caudal máximo de aguas negras que podrá transportar la media caña para una relación y/D máxima de 0,3.

$$Q = 0.127 m^3/s$$

b) Si el caudal punta a transportar (caudal punta de lluvia más caudal punta de aguas negras) es de 18 m³/s, calcular el calado que se alcanzará en el cajero rectangular (medido desde la base plana del cajero).

$$y = 1.664 m$$

c) Determinar el diámetro comercial que debería tener la media caña si el caudal a transportar por ésta fuera de 100 l/s. ¿Cuál sería el calado y la velocidad para ese diámetro comercial? (diámetros disponibles para la media caña: 300, 350, 400 y 450)

$$D = 500m; \ y = 0.2151m; \ V = 1.32m/s$$

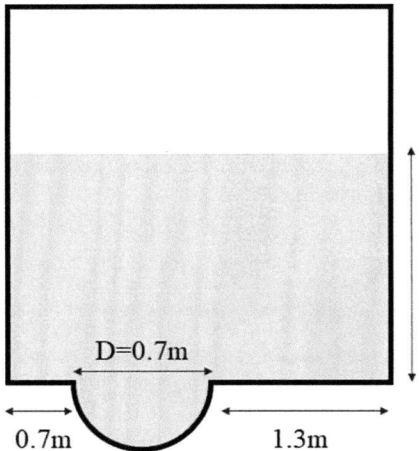

D=0.7m

0.7m   1.3m

Solución

Apartado a)

La densidad en condiciones normales En este caso, existe fuerza horizontal F_X , calculada Para un calado de y/D = 0.3, según las tablas de Thorman y Frank:

$$\frac{Q}{Q_{ll}} = 0.2; \ \frac{v}{v_{ll}} = 0.79$$

Se calcula a partir de la ecuación de Manning el caudal a sección llena para un conducto circular de 700 mm de diámetro:

$$A_{ll} = \frac{\pi D^2}{4} = \frac{\pi 0.7^2}{4} = 0.3848 \ m^2$$

$$p_m = \pi D = 2.199m$$

$$R_{h,ll} = \frac{A}{p_m} = \frac{0.3848 \ m^2}{2.199 \ m} = 0.175 \ m$$

Aplicamos la ecuación de Manning:

$$Q_{ll} = \frac{1}{n} A R_h^{2/3} S^{1/2}$$

$$Q_{ll} = \frac{1}{0.012} 0.3848 \cdot 0.175^{\frac{2}{3}} 0.004^{\frac{1}{2}} = 0.6345 m^3/s$$

A partir del caudal que transportaría el conducto circular si fuera completamente lleno, y la relación Q/Qll obtenida a partir de la relación de y/D, despejamos el caudal máximo a transportar:

$$\frac{Q}{Q_{ll}} = 0.2; \ Q = 0.2 \cdot Q_{ll} = 0.2 \cdot 0.6345 = 0.127 m^3/s$$

Apartado b)

Determinamos la geometría teniendo en cuanta la media caña y la cajón rectangular que irá lleno hasta y (calado):

$$A(y) = \frac{\pi 0.7^2}{8} + 2.7y = 0.1924 + 2.7y$$

$$p(y) = \frac{\pi 0.7}{2} + 2 + 2y = 3.099 + 2y$$

Aplicamos la ecuación de Manning para el caudal a transportar:

$$Q = \frac{1}{n} A R_h^{2/3} S^{1/2}$$

$$Q = \frac{1}{0.012} (0.1924 + 2.7y) \cdot \left(\frac{0.1924 + 2.7y}{3.099 + 2y}\right)^{\frac{2}{3}} 0.004^{\frac{1}{2}} = 18m^3/s$$

$$3.415 = (0.1924 + 2.7y) \cdot \left(\frac{0.1924 + 2.7y}{3.099 + 2y}\right)^{\frac{2}{3}}$$

Despejamos y:

y	Q
0.8	1.178
1.6	3.233
1.8	3.811
1.65	3.375
1.664	3.415

El valor del calado medido desde la base del cajón rectangular es y=1.664m

Apartado c)

Calculamos para cada diámetro comercial el caudal a transportar por la media caña si fuera llena hasta la mitad, teniendo en cuenta que para y/D =0.5 (supondría que la media caña va llena) $Q/Q_{ll} = 0.5$.

$$A_{ll} = \frac{\pi D^2}{4}; \ p_m = \pi D; \ R_{h,ll} = \frac{A}{p_m}$$

$$Q_{ll} = \frac{1}{n} A R_h^{2/3} S^{1/2}$$

D (m)	Q_{ll} (m³/s)	Q (Q/Q_{ll}=0.5) (m³/s)
0.3	0.066	0.033
0.35	0.100	0.050
0.4	0.143	0.071
0.45	0.195	0.098
0.5	0.259	0.129

Por tanto, con el diámetro comercial de 500 mm, alcanzamos el caudal a transportar de $0.1 \ m^3/s$.

Para este diámetro calculamos y el caudal de 0.1m3/s calculamos el calado y la velocidad:

$$\frac{Q}{Q_{ll}} = \frac{0.1}{0.259} = 0.386 \ (Tablas \ T - F); \ \frac{y}{D} = 0.4302; \frac{v}{v_{ll}} = 0.9366$$

Por tanto, el calado:

$$\frac{y}{D} = 0.4302; y = 0.4302 \cdot 0.5 = 0.2151m$$

Y la velocidad:

$$v_{ll} = \frac{Q_{ll}}{A_{ll}} = \frac{0.259}{0.196} = 1.317m/s;$$

$$\frac{v}{v_{ll}} = 0.9366; v = 0.9366 \cdot 1.317 = 1.32m/s$$

Bibliografía

Streeter, Victor Lyle, et al. Mecánica de fluidos. McGraw-Hill/Interamericana, 1998.

White, Frank M. Mecánica de fluidos. 6a ed., McGraw-Hill/Interamericana de España, 2008.

Giles, Ranald V., et al. Mecánica de los fluidos e hidráulica. 2a ed., McGraw-Hill/Interamericana de España, 1994.

Mott, Robert L. Mecánica de fluidos aplicada. Prentice Hall Hispanoamericana, 1996.

Çengel, Yunus A., and John M. Cimbala. Mecánica de fluidos: fundamentos y aplicaciones. 4a ed., McGraw Hill, 2018